宇宙はなぜこんなにうまくできているのか

村山　斉

集英社文庫

目次

宇宙はなぜこんなにうまくできているのか

まえがき

「宇宙人はいると思いますか?」

講演会などでそんな質問を受けたとき、私はこんなふうに答えます。

「もちろん、いますよ。だって、私たちも宇宙人ですよね?」

私たち人間は、この地球で生まれました。そして地球は、この宇宙が生み出した惑星です。当たり前のことですが、宇宙がなければ私たちは存在しません。その意味では、宇宙こそが私たちの故郷だともいえるでしょう。

一方、夜空を見上げながら、こんな考えにとらわれたことのある人もいると思います。

「人間が生まれたのは当然なのか、奇跡なのか、どっちだろう?」

太陽系では、人間が住めるような惑星は地球だけです。液体の水があり、昼と夜があって温度が適当に保たれ、大気があり、体をつくる炭素、酸素、鉄といった元素がふんだんにあります。最近は太陽系以外でも惑星の候補が何千個も見つかるようになりましたから、地球のような環境の惑星が他にあっても不思議ではなさそうです。しかし、こうした元素はどこから来たのでしょう。星や銀河が生まれるのは当然なのでしょうか。そもそも、宇宙そのものが存在するのはどうしてでしょう。

現実にこの宇宙は私たち「宇宙人」を生み出し、その宇宙人たちは大昔から宇宙について考え続けてきました。自分たちの生まれ故郷であるにもかかわらず、宇宙には山ほど謎があります。太陽はなぜ昇ったり沈んだりするのか、月はなぜ周期的に見た目の形が変わるのか、夜空に瞬く星の正体はいったい何なのか、そもそもこの宇宙はどのように生まれて、これからどうなっていくのか……。

人間はそんな謎を次々と解明してきましたが、その研究には終わりがありません。ひとつの謎を解き明かすと、その先にまた別の謎が立ちはだかります。

でも、それは決して私たちを苦しめるものではありません。私も研究者のひとりとして宇宙の謎に挑んでおり、難問に突き当たって頭を悩ませることはいくらでもありますが、「もっと知りたい、もっと理解したい」という好奇心に突き動かされる仕事は、実に楽しいものです。もしかしたら、宇宙は人間にそんな知的興奮を与えるために存在しているのかもしれない。そんなふうに思えてくるほど、宇宙は謎の宝庫なのです。

それではこれから、宇宙について人間が解き明かしてきた謎や、まだ残されている謎について、お話ししていくことにしましょう。中学生や高校生にも理解できるよう、専門的な知識の必要な内容はかいつまんで進めていきますので、ご安心ください。この本で宇宙論に入門したみなさんが、好奇心を刺激されて「もっと知りたい」と思えるように書いていくつもりです。

読んだ後は、たとえば最先端の宇宙研究のニュースを見ても「ああ、あの話か」とわかるようになっていることでしょう。そこから興味を広げて、もっと専門的な本を読み、宇宙についての理解を深める「宇宙人」がひとりでも多くなれば、著者としてそれ以上にうれしいことはありません。

第一章

地上と同じ物理法則が、宇宙でも通用する

身の回りの自然現象に目を向けてみよう

私たちの身の回りには、「考えてみると不思議なこと」がたくさんあります。その大半は、理由や意味がわからなくても、それほど困ることはありません。そのため、ふつうは見過ごしてしまうことが多いでしょう。

でも、いったん頭の中に「なぜ?」という疑問が浮かぶと、がぜん好奇心が湧いてきます。そうなったら、目の前にある「不思議」を解き明かさずにはいられません。少なくとも、私はそうです。

たとえば私は小学生時代、炭酸入りのジュースを飲むときに、ストローが浮かんでくるのを不思議に思いました。最初は沈んでいるのに、だんだん浮かんできて、いちいち押し込まないと飲めないので、とても鬱陶しいのです。

これは納得がいきません。水に沈むものはずっと沈んでいるはずですし、水に浮くものなら最初から浮いているはずです。

そこでストローをジーッと観察したところ、理由はすぐにわかりました。ストローのまわりに炭酸の泡がたくさんくっつくほど、全体の比重が軽くなって浮かぶのです。残念ながら、それを沈んだままにしておく方法までは思いつきませんでした（いまでも思いつきません）が、原因がわかっただけで「なるほど、そうだったのか！」と感激したのを覚えています。

もうひとつ小学生時代の「発見」で覚えているのは、スーパーのレジ袋のこと。あれを手からぶら下げて歩いていると、やたらと振れ出して歩きにくくなり、鬱陶しい思いをすることがありますよね？　でも、いつもそうなるわけではありません。大きく揺れることもあれば、まったく揺れないこともあります。

いろいろ試してみた私は、歩くスピードを遅くしたり、袋の取っ手を指に巻いて短くしたりすると、大きな揺れがピタリとおさまることに気づきました。

これは、振り子の「共振現象」と呼ばれるものです。音の「共鳴」も同じ原理で、振動しているものに外から同じ振動が加わると、振動の幅が大きくなる。だから、歩くテンポと振動のテンポが同じになると、レジ袋の振れ幅が大きくなるのでした。

どちらもありふれた現象ですから、とくに疑問を抱かずにやり過ごしている人のほうが多いかもしれません。しかし人類は昔から、こうした日常的な「当たり前」に好奇心の光を当て、それがどのような原理で起きるのかを解明してきました。そんな行いが、さまざまな科学を発展させてきたのです。

なぜ夏は暑くて、冬は寒いのか

私が機構長を務める東京大学国際高等研究所カブリ数物連携宇宙研究機構は、数学者と物理学者が協力しながら宇宙のさまざまな謎を解明しようとしています。無数の星が散らばる広大な宇宙空間は、私たちの日常生活とは無縁な世界だと思われるかもしれませんが、そんなことはありません。この分野も、身の回りの「当たり前」と深く関係しています。

たとえば、私たちの生活には「昼」と「夜」があります。太陽が出ているあいだは昼で、日没から日の出までは夜。誰もがそれを「当たり前」だと思っていますが、この現象は、どうして太陽が昇ったり沈んだりする（ように見える）のかを知らなければ、説明できません。実に不思議です。

いまでは小学生でも「地球が自転しているから昼になったり夜になったりする」と知っているでしょう。しかし、それは知識として知っているだけで、地球がくるくる回転していることを目で見たり体で感じたりすることはできません（東京の緯度では時速約一四〇〇キロメートルもの猛スピードで自転しているので、実感できたら気を失ってしまうと思いますが）。そのため、地球が動いていることが事実だとわかるまでには、長い時間がかかりました。古代ギリシャのアリストテレスの時代から、コペルニクスやガリレオの登場する一六世紀までは、太陽が地球のまわりを回っていると信じられていたのです。

そう考えると、身の回りにある「当たり前」は決して単純なものではなく、実際は非常に奥深いものだということがわかるでしょう。わかっているつもりでも、いざ説明しようとすると考え込んでしまう現象も少なくありません。

たとえば、一年に「夏」と「冬」があるのはどうしてでしょうか。なぜ地球には、暑い季節と寒い季節が交互に訪れるのか。一日に「昼」と「夜」があることは地球の自転で説明できる人でも、これについてはちょっと考え込んでしまうものです。

でも、わからないからといって恥ずかしいと思う必要はありません。かつてアメリカのハーバード大学の卒業式の日に「なぜ夏は暑く、冬は寒いのか？」と学生たちに質問したところ、ほぼ全員から間違った答えが返ってきたのです。

間違った答えというのは、「夏は地球が太陽に近づき、冬は遠ざかるから」というものでした。しかし、地球と太陽の距離は一年を通じてほとんど変わりません。北半球ではむしろ冬のほうが距離は縮まります。これと同じことを考えた人は、（こと季節の変化に関しては）ハーバードの卒業生に勝るとも劣らない知性の持ち主だといえるでしょう。なかには「太陽の活動が一年周期で変動しているから」という珍答もあったそうです。

夏と冬で気温が変わるのは、太陽との距離が変わるせいでもなければ、太陽の活動が変化するからでもありません。それが理由だとしたら、北半球と南半球で季節が逆になることを説明できないでしょう。

では、どうして地球上の気温は年間を通じて一定ではないのか。それは、「地軸」が傾いているからです。

地球は北極点と南極点を結ぶ直線を軸にして自転していますが、この地軸は公転面（地球が太陽を周回する面）に対して垂直ではありません。そこには、約二三・四度の傾きがあります。そのため、太陽の動きは一年を通じて変化するのです。このことは、日本だと夏は太陽が空の高いところを通るので昼が長くなり、冬は空の低いところを通るので夜が長くなることからもわかるでしょう。

そして受ける日光の強さは、太陽がどのくらい高く上るか（高度）で決まります。太陽から見て、地球の表面をダーツの的だと思ってみてください。太陽の高度が高いときは、的が太陽の方を向いているので、ダーツ（太陽光線）を当てやすいですが、太陽の高度が低いときは的が倒れたようになっているので、ダーツを当てにくくなります。だから太陽が高いところを通る夏は暑くなり、低いところを通る冬は寒くなるのです。ちなみに、太陽が真南に来たときを「南中」といいます。このとき太陽と地平線のつくる

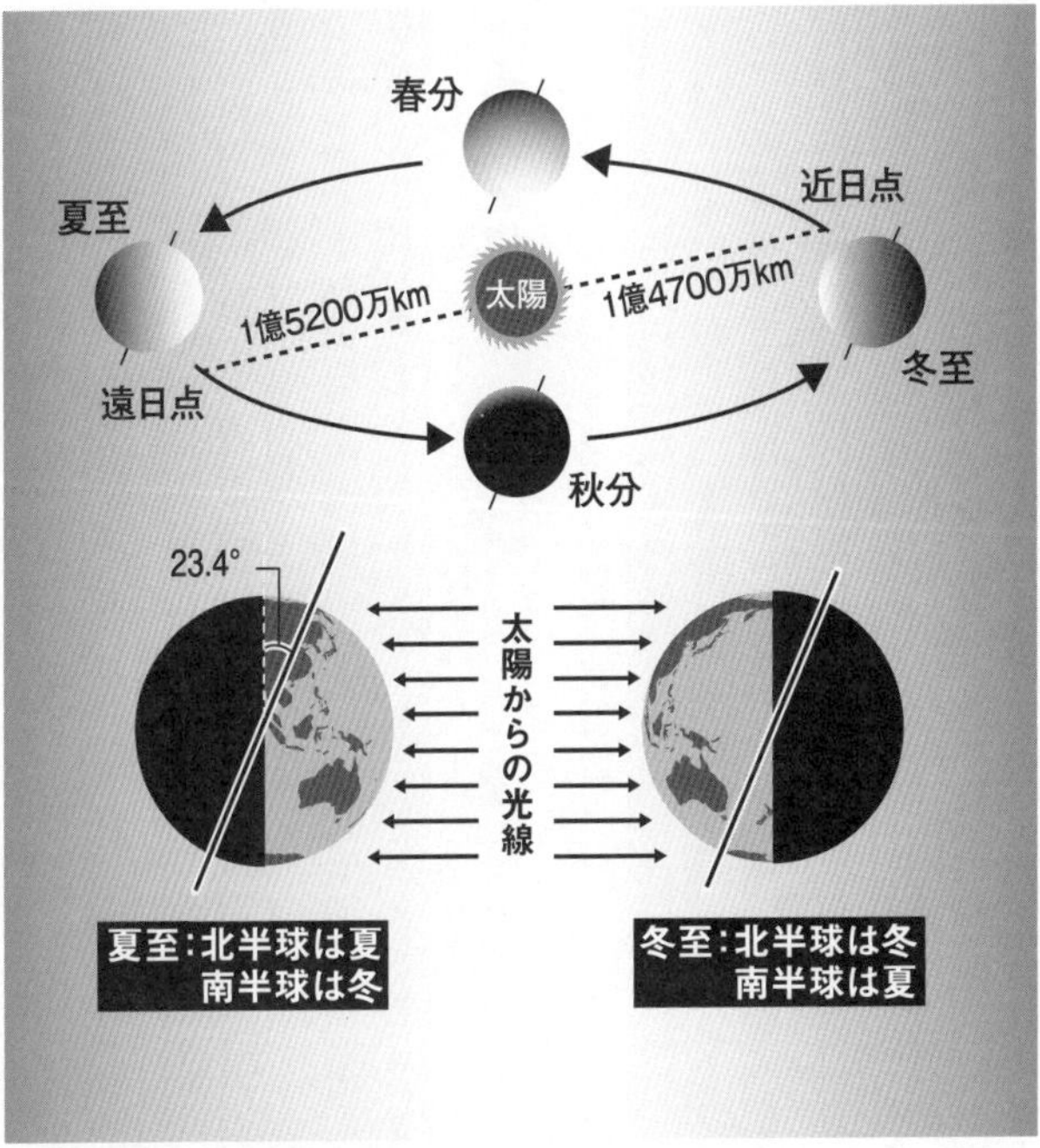

地球の公転と地軸の傾き

地球は地軸を傾けながら、太陽のまわりをほぼ1年かけて回っている。これを公転といい、公転軌道は太陽を焦点のひとつとして楕円の形を描いている。地球と太陽の距離は、冬至の頃がおよそ1億4700万キロメートル、夏至の頃で約1億5200万キロメートル。つまり太陽と地球は、冬至の頃のほうが夏至の頃よりも近づく。太陽にもっとも接近する点を「近日点」、逆にもっとも離れた点を「遠日点」と呼ぶ。21ページの図で見るとおり、日本では夏のほうが冬より太陽が空高く昇ることで、より多くの太陽光線を受ける。そのため太陽からの距離が遠くても、夏は暑くなる。

角度を「南中高度」と呼ぶことも含めて、覚えておきましょう。

天動説から地動説へ

昼と夜の移り変わりと、季節の変化。この二つを考えただけでも、私たちの生活が太陽と地球の運動に大きく左右されていることがわかるでしょう。そうなると、こんどは「なぜ地球は太陽のまわりを回っているのか」を知りたくなります。

先ほども少し触れましたが、昔は地球が宇宙の中心にあり、太陽も星もそのまわりを回っていると考えられていました。いわゆる「天動説」で、それに対して最初に「地動説」を唱えたのはニコラウス・コペルニクスでした。地動説はカトリック教会が嫌っていたこともあり、なかなか受け入れられませんでした。

その地動説を裏づける証拠を数多く発見したのが、コペルニクスよりもおよそ一世紀後に登場したガリレオ・ガリレイでした。そのために彼が使った最大の武器は、望遠鏡です。

オランダの眼鏡職人ハンス・リッペルハイという人物が望遠鏡を発明したことを知ったガリレオは、一六〇九年の五月に、その一〇倍の拡大率を持つ望遠鏡を一日でつくり上げ、さらにそれを二〇倍にまでつくり替えました。そして、それを初めて夜空に向け

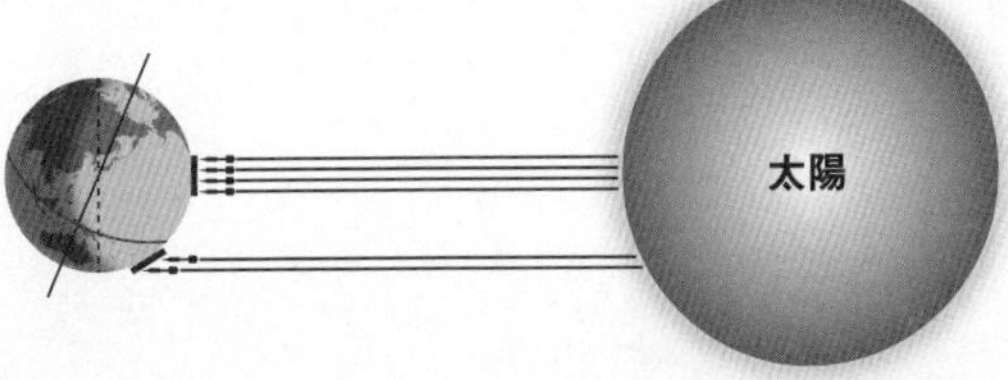

太陽の高度が高いほど同じ面積に当たるダーツ（太陽光線）の量が多くなるので、夏は暑くなる。

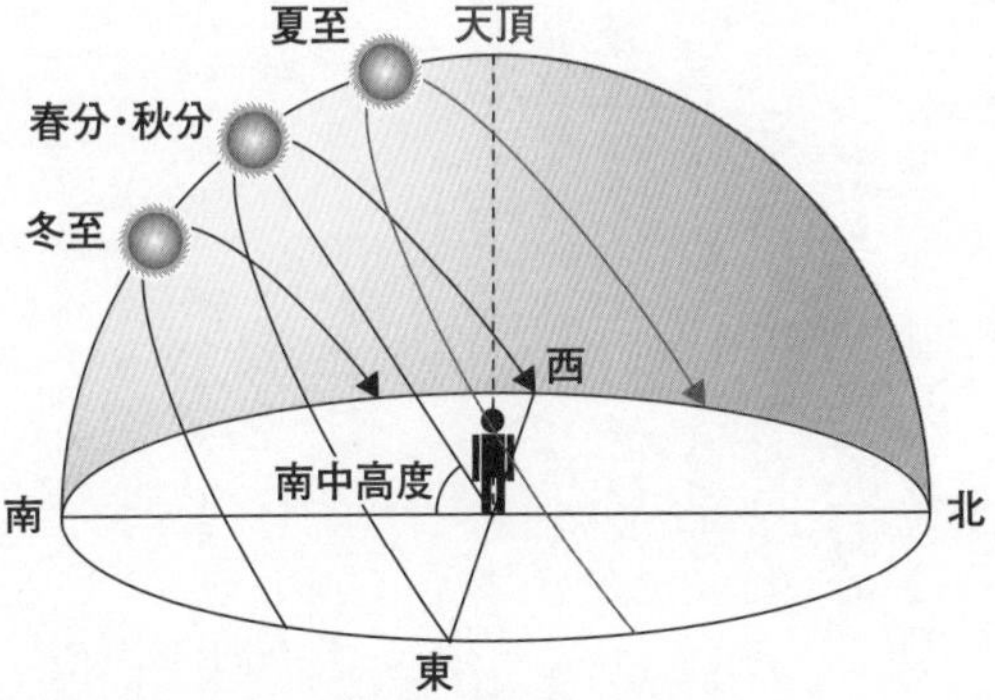

太陽の通り道の変化と南中高度

太陽が真南に来たときに、太陽と地平線がつくる角度を「南中高度」といい、南中高度が１年でもっとも低くなる日が冬至である。それとは逆に、南中高度がもっとも高くなるのは夏至のときである。太陽の通り道は、夏至の日がもっとも北寄り、冬至の日がもっとも南寄りになる。春分・秋分の日、太陽は真東から昇って真西に沈む。

たのです。

これは、天文学の歴史の中でもきわめて重要な出来事だったといえるでしょう。それまで、星のきらめく天上は人間の住む地上とはまったくの別世界だと考えられていました。その別世界を拡大すると、いったいどんなものが見えるのか。ガリレオがどのような風景を予想していたのかはわかりませんが、きっと胸がドキドキしていたはずです。

彼はまず、夜空でもっとも大きな天体である月に望遠鏡を向けました。そこでガリレオは、意外な事実を発見します。月の満ち欠けで生じる「日陰」と「日なた」の境目が、デコボコしていることに気づいたのです。

いまなら、誰もそれを不思議には思わないでしょう。しかし天上を汚れのない美しい別世界と考えていた当時の人々は、太陽、月、星といった天体はすべて完全な球体だと思っていました。地上のようなゴツゴツした世界ではなく、傷ひとつないツルンとした物体（いまでいえば電球のようなイメージでしょうか）だろうと考えていたのです。

ところが望遠鏡で見ると、そこにはデコボコがある。つまり、「山」や「谷」があるわけです。それを見た瞬間に、ガリレオは「月は決して別世界ではなく、地上の世界と変わらないではないか」と気づきました。この発見は、彼が天文学を研究していく中で非常に大きな転機になったようです。また、やがてはこれがアイザック・ニュートンの「万有引力の発見」にもつながっていくのですが、それはまた後ほどお話ししましょう。

さて、ガリレオが地動説を支持するきっかけとなったのは、木星の衛星を見つけたことでした。あるとき、ガリレオは木星の近くにいくつかの小さな点を発見して、ノートにその位置をメモします。それから数日は雨が続いて観測ができませんでしたが、晴れた夜に再び木星を見ると、その点の数と位置が変わっていました。何が起きたのかさっぱりわからず、ガリレオはかなり混乱したようです。

しかし観測を続けていくうちに、それぞれの点が周期的に動いているらしいことがわかりました。複数の小さな天体が、木星のまわりを回っているとしか考えられません。数が減るのは天体が木星の裏側に入って見えなくなったのだとすれば、すんなり理解できます。となると、自分たちの地球が太陽のまわりを回っていても不思議ではない――ここからガリレオは徐々に発想が変わり、地動説に傾いていったのです。

ガリレオはそれ以外にも、金星が見た目の大きさを変えながら満ち欠けすることや、太陽の黒点が形や位置を変えることなどを発見しました。詳しい説明は省きますが、これはいずれも当時の天動説では考えられない現象です。

ある説（理論）から予想される現象とは異なる事実が見つかったなら、その理論自体を見直さなければいけません。そして、新しい理論が生まれたら、その理論から予想される事実を観測や実験によって発見する。これは自然科学を発展させる基本的なプロセスです。

宇宙の成り立ちも、ガリレオの時代から現在にいたるまで、そのくり返しによって少しずつ解明されてきました。そこで望遠鏡という観測装置が欠かせないことはいうまでもありません。その意味で、ガリレオが初めて望遠鏡を宇宙に向けた一六〇九年は、宇宙研究史の中でも特筆すべき年です。国際天文学連合（ＩＡＵ）の提案によって二〇〇九年が「世界天文年」とされ、天文学の普及のためにさまざまなイベントが行われたのも、ガリレオの天体観測四〇〇周年を記念してのことでした。

ちなみに私自身は、宇宙研究を仕事にしていますが、自分の望遠鏡は持っていません。夜空を見上げて宇宙のことをあれこれ考えるのが好きだった少年時代も、「お金がない」といって天体望遠鏡を親に買ってもらえませんでした。そのせいで理論物理学者になった……というわけでもないのですが、机の上で数式と格闘しながら宇宙のことを考えています。しかし、そうやって理論を考えていくときも、世界各地の天文台の観測結果や実験施設でのデータは欠かせません。また、観測や実験を行う研究者たちも、理論的な予測に基づいて狙いを定めています。「ここにこういうものがあるはずだ」という予測がなければ、観測や実験の効率は上がらないでしょう。天文学や物理学の世界では、「理論」と「観測・実験」が車の両輪のように協力し合いながら、宇宙の謎に挑戦しているのです。

ケプラーの法則

話を地動説に戻しましょう。

昔の人々が信じていた天動説は、単なる宗教的な信念のようなものではありません。それなりにしっかりした理論的な裏づけを持つ学説でした。その理論体系を完成させたのは、古代ローマ時代の天文学者クラウディオス・プトレマイオスです。二世紀にできあがった理論ですから、コペルニクスやガリレオが登場するまで、およそ一四〇〇年。こんなに長く常識として定着していたのですから、そう簡単に揺らがなかったのも無理はありません。

しかも、プトレマイオスの天動説を信じているかぎり、とくに不都合なことはありませんでした。いくらか誤差はあったものの、その理論を使えば惑星の動きをある程度まで計算できたのです（ただし、その理論では火星の動き方が完全には説明できませんでした）。

また、天動説なら、ジャンプした人が同じ場所に着地するのも不思議ではありません。地球が動いているなら、空中にいるあいだに地面が動いて、着地点がちょっとズレるような気がしますよね？　空を飛んでいる鳥も、あっという間にどこかへ消えてしまいそうです。そういう意味で、天動説は直観的にも信じやすいものだったといえるでしょう。

ガリレオのさまざまな発見は、その天動説を大きく揺るがすものでした。そして地動説に理論的な裏づけを与えたのが、ドイツの天文学者ヨハネス・ケプラーです。

コペルニクスやガリレオも地動説の理論を打ち立てようと試みましたが、プトレマイオスの理論よりも精密に惑星の動きを説明できるものにはなかなかなりませんでした。その最大の要因は、惑星が太陽のまわりで「円軌道」を描くと考えていたことです。天動説では、惑星は地球のまわりで円軌道を描くと考えられていました。コペルニクスやガリレオも、この発想から抜け出せなかったわけです。

それに対して、ケプラーは惑星の描く軌道を「楕円形《だえんけい》」だと考えました。そう仮定すると、天動説よりも惑星の動きをうまく説明できるのです。しかも、後に「ケプラーの法則」と呼ばれるようになった彼の理論は、プトレマイオスの天動説よりもはるかにシンプルでした。

科学の理論にとって、これは非常に大切なことです。自然界の原理や法則は、よりシンプルなほうが説得力がある。説明が複雑になればなるほど、そこには何か無理があるように思えてしまいます。もちろん複雑だからといって、ただちに間違っているわけではありませんが、単純な理論のほうが応用範囲が広いのもたしかでしょう。私たち物理学者も（数学者もそうですが）、シンプルな理論ほど「美しい」と感じるのです。

惑星軌道に関するケプラーの理論は、三つの法則から成り立っています。第一法則と第二法則は一六〇九年、第三法則はその一〇年後に発表されました。

第一法則　惑星は、太陽をひとつの焦点とする楕円軌道上を動く。
第二法則　惑星と太陽とを結ぶ線分が単位時間に描く面積は、一定である。
第三法則　惑星の公転周期の二乗は、軌道の長半径の三乗に比例する。

「面積速度一定の法則」とも呼ばれる第二法則は、惑星の動くスピードが太陽の近くでは速く、遠くでは遅くなることを意味しています。スピードが一定だと距離が近いほうが面積は少なくなりますが、近いほど速くなって長い距離を移動するので、面積が増えるわけです。

これはいったい、何を意味しているのでしょう。どうして、太陽に近づくほど惑星の動きは速くなるのでしょうか。

ケプラーは、太陽と惑星のあいだに、磁石が金属を引きつけるような力が働いているのではないかと考えました。その力の強さは、太陽と惑星の距離の二乗に反比例します。近いほど強い力で引っ張るという点で、磁力とよく似ているといえるでしょう。

しかしケプラーは、その力が何であるかというところまでは突き止められませんでした。謎が解明されたのは、それからおよそ半世紀後のこと。いうまでもないと思いますが、アイザック・ニュートンの「万有引力の法則」が、その答えとなったのです。

万有引力の発見

ニュートンが万有引力の存在に気づいたときの逸話は、誰でもご存じでしょう。リンゴが木から落ちるのを見て突如ひらめいた、という話です。これ自体は本当の話かどうか定かではありません。いずれにしろ、この有名なエピソードのせいで、ニュートンの発見の意味を勘違いしている人も多いのではないでしょうか。というのも、ニュートンが引力（重力）を発見したと思っている人が多いのです（ちなみに、東京大学の小石川植物園では、ニュートンのリンゴの木の子孫といわれる木を見ることができます）。

地上で物体が下に落ちるという当たり前の現象自体は、はるか昔から科学者にとって大いなる不思議でした。ですから、地球と物体のあいだに、何らかの目に見えない力が働いていることはわかっていたのです。

たとえば古代ギリシャのアリストテレスは、石が地面に落ちるのは、石自体に本来の居場所に戻る性質があるからではないかと考えました。そのため「土」の元素を多く含むものほど速く落下すると考えたのです。いかにも古代らしい発想だと思うかもしれま

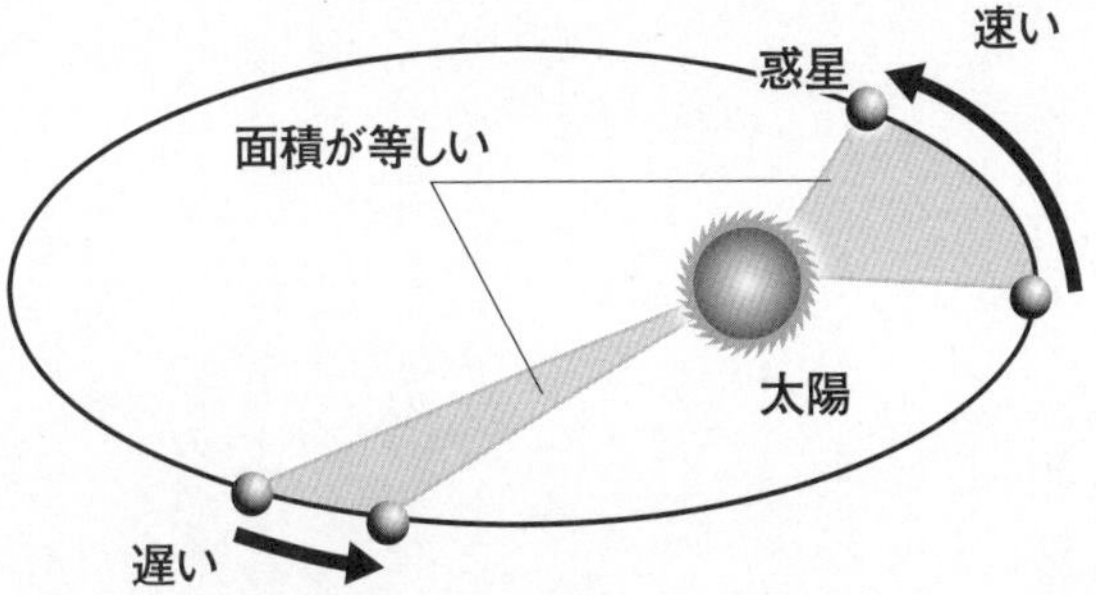

ケプラーの法則

第２法則（面積速度一定の法則）：惑星の公転速度は太陽に近いところでは増し、遠いところでは落ちる。惑星の移動時間が同じ場合、惑星と太陽とを結ぶ線分が描く面積は一定である。

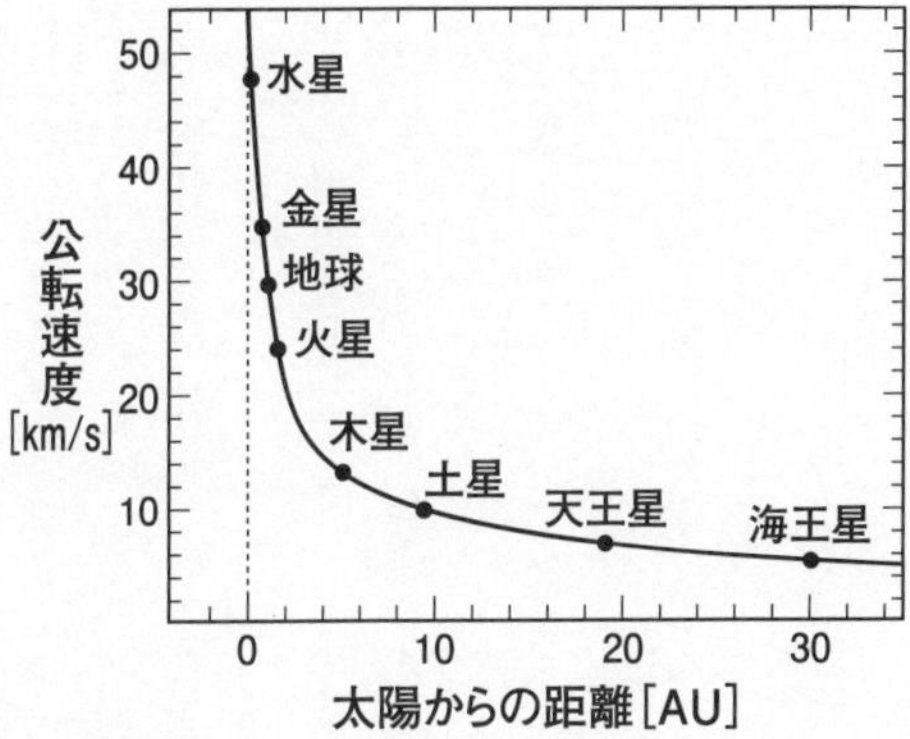

惑星の公転速度

ケプラーの法則を使うと、遠くの惑星ほどゆっくり回ることがわかる。

AU（天文単位）：主に太陽系内の距離を表すのに用いる単位。太陽と地球との平均距離（１億4959万7870キロメートル）を１天文単位とする。

せんが、ヨーロッパでは中世まで多くの人がそんなふうに考えていました。

それが変わったのは、地動説の登場と同様、一六世紀に入ってからのことです。ガリレオも、中世までの考え方に疑問を持った科学者のひとりです。そこで多くの人が思い起こすのが、「ピサの斜塔」でしょう。塔の上から軽いものと重いものを同時に落として、物体が自由落下するときの速度は落下する物体の質量に依《よ》らないことを証明したといわれる実験のことです（詳しくは第三章で説明します）。

これは余談ですが、私はイタリアにあるピサの斜塔を訪れたとき、その前で二人の日本人女性がガイドブックを見ながら何やら議論しているのを見たことがあります。耳をそばだててみると、こんな話をしていました。

「この本には、ガリレオがここで物を落とす実験をしたって書いてあるけど、違うよね。私は絶対、ニュートンだと思う」

やはり、ニュートンが引力を発見したという思い込みは強いようですね。

とはいえ、その女性の意見も前半部分は正しいといえるでしょう。実はガリレオの実験も、「ニュートンのリンゴ」と同じで真偽のほどはたしかではなく、おそらくは伝説だといわれているのです。

しかし、ガリレオが物体の落下について研究したことは間違いありません。一六〇四年には（望遠鏡を夜空に向ける五年前です）、物体の落下速度は（重さではなく）時間に比例するという仮説を立てました。球を斜面で転がす実験もいろいろと行い、物体の運動の法則を解明する「動力学」の発展にも大いに寄与しています。

そんなわけですから、仮にニュートンがリンゴが木から落ちるのを見たのだとしても、そこで「おお、見えない力がリンゴを引っ張っている！」などと思ったわけではありません。その現象そのものは、すでに研究が進んでいました。

「天上」と「地上」を支配する法則

では、ニュートンは何に気づいたのか。

ここで注意してほしいのは、ニュートンの考えた理論が「引力の法則」ではなく「万有引力の法則」だという点です。この「万有」とは何を意味しているのでしょう。

物体にはすべて引力があるので、地球が物を引き寄せるだけではなく、たとえば自分が座っている椅子と自分自身もわずかに引き合っているし、テーブルとその上のコーヒーカップも引き合っている――といった答えも決して間違いではありません。でも、それだけでは「万有」の説明としては不十分です。

ニュートンがすごいのは、リンゴが木から落ちる運動も、月が地球のまわりを回る運動も、同じ引力によるものだと気づいたところでした。地球が物体を引っ張るだけではなく、太陽は地球を引っ張っているし、地球は月を引っ張っている。だからこそ、その力のことを万有引力と呼んだのです。

ガリレオは、自分の考えた運動の法則が地上の物体にだけ当てはまると考えました。それも無理はありません。自分の地動説によれば、地球は太陽のまわりを、月は地球のまわりを回っています。どちらも、太陽や地球に落下しません。だから、天体には地上の物体とはまったく別の性質があり、そのために落ちることなく回っていられるのだと考えたわけです。一方、ケプラーは太陽と惑星のあいだに何か磁力のようなものが働いていると考えましたが、それが地上の引力と同じだとは思いませんでした。やはり、天体は地上とは別の法則で動いていると信じていたのでしょう。

しかしニュートンは違いました。月が地球のまわりを回るのも、石やリンゴが落ちるのも、まったく同じ原理によるものだというのが、彼の発見です。もし天体に引力がなければ、猛スピードで動いている惑星や月はあっという間に軌道を離れ、太陽や地球から宇宙の彼方《かなた》へ向かって飛び去ってしまうでしょう。それを軌道につなぎ止めているのが、引力にほかなりません。飛び去ろうとする力（遠心力）と引力が釣り合っているので、月は地球に落下することなく回転運動を続けているのです。

現在、地球のまわりにはたくさんの人工衛星がありますが、あれが地上に落ちてこないのも同じこと。スピードが足りなければ地上へ落ちてきますし、スピードが速すぎれ

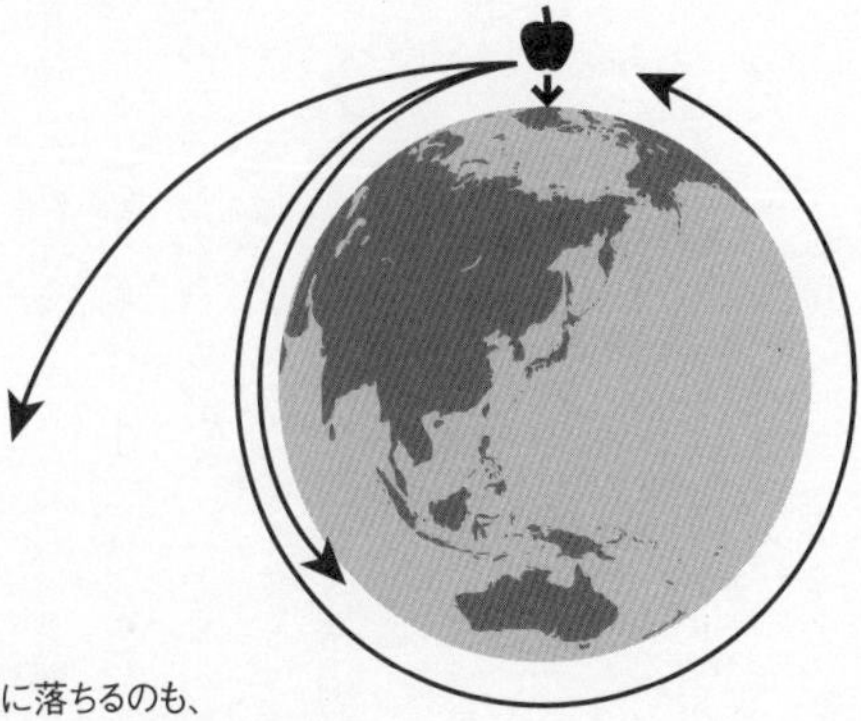

リンゴが地面に落ちるのも、
人工衛星が地球の周回軌道を回るのも
原理的には同じ。

ばどこかへ飛び去ってしまう。地球の引力と釣り合う速度を計算して打ち上げているから、衛星としてくるくる回っていられるのです。

ともあれ、このニュートンの発見によって、「天上」と「地上」は別世界ではなくなりました。ガリレオは月の観察を通じて天体と地球が同じようなものであることに気づきましたが、ニュートンはそれに加えて、どちらにも同じ物理法則が当てはまることを明らかにした。それまで別々に考えられていた世界を、ひとつに統一したのです。

先ほど、科学の理論はシンプルなほうがよい、という話をしました。その意味では、この統一も非常に重要です。さまざまな現象をいちいち別の理論で説明するのは、話が複雑になりますし、美しくもありません。ひとつの法則で多くのことを説明できたほうが、より深い原理に近づいたことになるでしょう。

そのため、大昔から現在にいたるまで、物理学者たちはさまざまな理論を統一する努力を続けてきました。物理学の歴史は統一理論の歴史だといっても過言ではありません。この世に起こるすべての現象をひとつのシンプルな理論で説明したい――それが、私を含めた全世界の物理学者の夢なのです。ニュートンの万有引力の法則は、そんな統一理論の先駆けとなるものでした。

これが宇宙の研究を大きく前進させたことは、いうまでもないでしょう。宇宙にも地上にも同じ理論が通用するなら、地球を離れて「現場」に行かなくても、宇宙のことを理解できます。宇宙は、決して人知の及ばない神秘的な空間ではありません。もちろん、そこにはさまざまな不思議がありますが、それは私たちの身の回りにある不思議と何ら変わることはないのです。

事実、ニュートンの発見以降、宇宙の成り立ちについて多くのことがわかってきました。そこで次の章では、まず、私たちの地球にもっとも近い恒星である太陽についてお話しすることにしましょう。

第二章

なぜ太陽は燃え続けていられるのか?

太陽の寿命は二〇〇〇万年？

私たち地球人の暮らしは、太陽なしには成り立ちません。生活スタイルは季節の変化に大きく左右されますし、天候不順で太陽が顔を出さなくなっただけでも、たちまち作物が育たなくなって食料難に陥ったりします。

そのため人類は大昔から、ありがたい恩恵を与えてくださる神様として太陽を崇《あが》めてきました。日本にも、「お天道様」という言葉がありますよね。その下で恥ずかしい振る舞いをすると、バチが当たるなどといわれます。太陽の不思議な力に感謝すると同時に、それを恐れてもいたわけです。

しかし（そういった信仰心も人間社会では大切だと思いますが）、天上が別世界ではない以上、太陽も神秘的な存在ではありません。お天道様から降り注ぐありがたいエネルギーがどのように生まれるのかは、ちゃんと理論的に説明することができます。

しかしこれについては、一九世紀の終わり頃に大論争がありました。

そのきっかけをつくったのは、「ケルヴィン卿《きょう》」の通称で知られるウィリアム・トムソンです。熱力学の分野を中心に多くの業績を残した偉大な物理学者で、たとえば絶対温度の単位が「K（ケルヴィン）」になったのも、彼にちなんでのこと。当時の物理学界では非常に大きな影響力を持つ超有名人でした。

熱力学の大家ですから、当然、太陽の熱も研究対象になります。とくに地球にとって重要な問題は、その寿命でしょう。

天上が神様の支配する別世界なのであれば、太陽が永遠に輝いていても不思議ではありません。しかし地上と同じ物理法則に支配されているなら、その寿命にはかぎりがあります。地球上に、燃料補給なしで永遠に燃え続ける物質など存在しません。そして、もし太陽が燃え尽きてしまったら、地球人の運命もそこでおしまいです。

当時は、すでに太陽の重さがおおむねわかっていました。また、太陽までのおおよその距離もわかっていましたから、地球が受けている熱を計測すれば、太陽が発している総熱量も計算で求められます。

そこでケルヴィン卿は、その熱量を出し続けた場合に、太陽の重さに匹敵する燃料が何年で燃え尽きるかを計算しました。その結果、太陽はせいぜい二〇〇〇万年程度しか保《も》たないという結論を下したのです。

これは驚くべき話でした。地質学者たちが古い地層を調べたところ、地球が誕生したのは少なくとも数億年も前だと予測されていたからです。だとすれば、ケルヴィン卿の計算した太陽の寿命と辻褄《つじつま》が合いません。その計算が正しいとすれば、太陽はとっくの昔に燃え尽きているか、そうでなければ地球が太陽の誕生前から存在していたことになってしまいます。

それに加えて、当時は『種の起源』で有名なチャールズ・ダーウィンが、地球上の生物が現在の姿に進化するには、やはり数億年以上の時間が必要だと主張していました。いずれにしても、ケルヴィン卿の算出した太陽の寿命は短すぎるのです。

しかしケルヴィン卿は自分の計算に自信を持っているので、地質学者やダーウィンのいう地球年齢が間違っているのだと主張しました。ケルヴィン卿は「世界でいちばん賢い学者」とも評されていましたから、批判されたほうは立場がありません。激しい論争になるのも当然でしょう。

結果的には、間違っていたのはケルヴィン卿のほうでした。現在は地球がおよそ四六億年前に誕生したことが明らかになっていますから、太陽の寿命がそんなに短いはずはありません。当然、地球が生まれたときから太陽はありましたし、今後も五〇億年ぐらいは燃え続けることがわかっています。

とはいえ、ケルヴィン卿が計算ミスをしたわけではありません。一九世紀終盤の物理学では、それ以外の答えが出なかったのもたしかです。燃料を燃やすよりもはるかに効率のいいパワフルなエネルギー源があることを、当時はまだ誰も知りませんでした。それを明らかにしたのは、二〇世紀に入ってすぐの一九〇五年に発表された論文です。

それが、かの有名なアルバート・アインシュタインの「特殊相対性理論」でした。その理論のことはよくわからなくても、アインシュタインの名前を聞いたことのない人はまずいないでしょう。宇宙の研究も含めて、現在の物理学はこの相対性理論をひとつの大きな柱として築かれています。

では、特殊相対性理論と太陽のエネルギーには、どんな関係があるのでしょうか。大まかにいうと、特殊相対性理論には当時の研究者たちをビックリさせたポイントが二つあります。そのひとつは、「光速度不変の原理」です。

たとえば時速一〇〇キロメートルで走っている自動車は、隣の車線を時速八〇キロメートルで走っている自動車から見ると、時速二〇キロメートル（一〇〇－八〇＝二〇）で自分を追い抜いていくように見えます。反対方向にすれ違う場合は、逆に時速一八〇キロメートル（一〇〇＋八〇＝一八〇）で走っているように見えるでしょう。これが、ニュートンによる「速度の合成則」です。

ところがアインシュタインによると、光にはこの法則が当てはまりません。観測者がどんな速度で動いていても、光の速度は足し算も引き算もされず、常に一定の速度で飛んでいきます。その速度は、真空中で秒速およそ三億メートル。正確には秒速299792458メートルで、「憎くなく二人寄ればいつもハッピー」という語呂合わせがあります。仮に光速の八〇パーセントの速度で飛ぶ宇宙船から見ても、光がそれより遅く見えることはありません。止まっている人が見るのと同じ秒速三億メートルで宇宙船を抜いていくのです。

しかし、止まっている人からも動いている人からも同じ速度に見えたのでは、いろいろなことに辻褄が合いません。それは、道端で立ち止まっている人からも、動いている自動車からも、同じ自動車が時速一〇〇キロメートルで走っているように見えることを想像すれば、何となくわかるでしょう。何がどうなっているのかわからず、困ってしまいます。

そこでアインシュタインは、光速に近づいた物体では時間が遅れたり空間が縮んだりするのだと考えました。いまの自動車の例なら、同じ向きに走る自動車の中では時間が遅く進むので、同じ自動車が一〇〇キロメートル進むまで、立ち止まって見ている人よりも時間がかかる。これなら辻褄が合います。

急にこんな話をされても頭が混乱してよくわからないかもしれませんが、本書は相対性理論の入門書ではありませんし、ここは太陽の話とあまり関係がないので、とりあえず「そういうものか」と思ってください。ここでいちばん重要なのは、「時間や空間は不変ではない」ということ。それまで変化すると思われていた光速が一定になった代わりに、それまで不変だと思われていた時間や空間が変化すると考えたところが、アインシュタインの天才的なところだったのです。

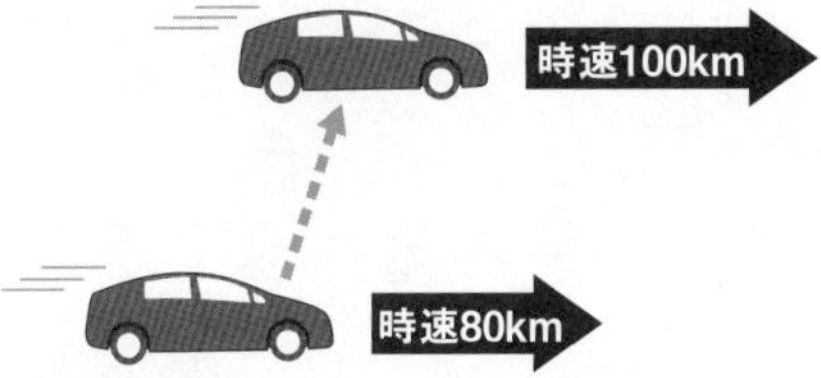

光速度不変の原理

時速80キロメートルで走行する自動車のドライバーが、時速100キロメートルで並走する自動車を眺めると、時速20キロメートルで追い抜いていくように見える。同じように考えると、太陽のまわりを秒速3万メートルで公転している地球から秒速3億メートルの光を眺めると、進行方向によって光の速度は秒速3億±3万メートルに見えるはず。しかしマイケルソンとモーレーの実験により、光は観測者の動きにかかわらず同じ速さであることが確認された。

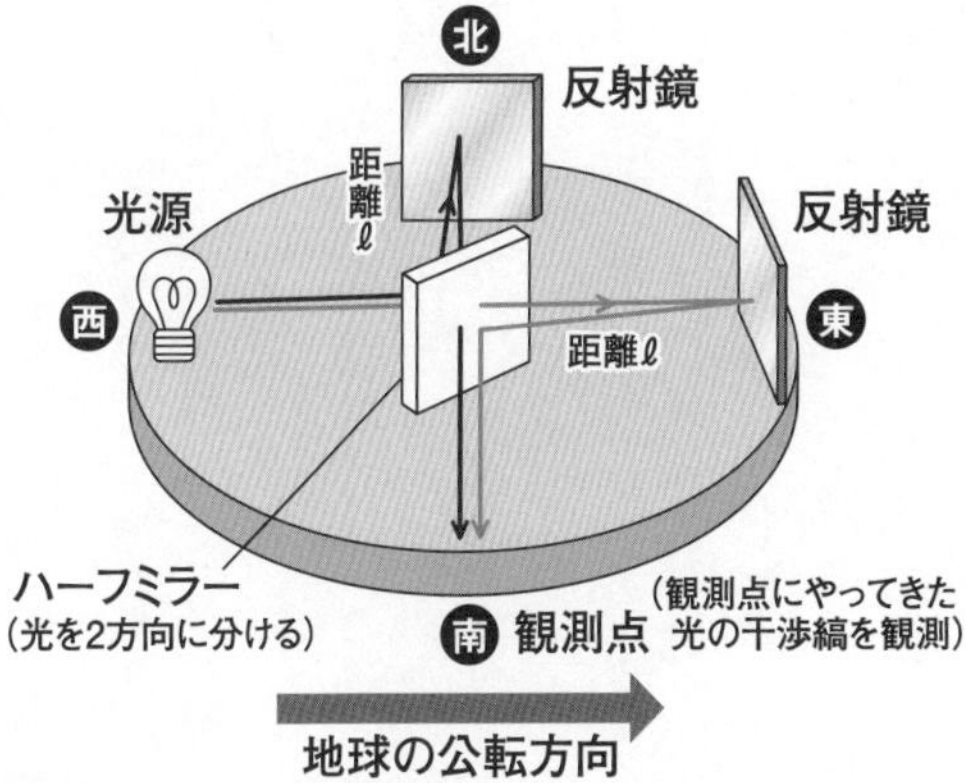

マイケルソンとモーレーの実験

光源から出た光をハーフミラーにより地球の公転方向と公転の垂直方向に分け、鏡に反射させて観測点にやってきた光を観測する。従来の速度合成の考えでは光の速さに違いが出るはずだが、この実験によると光の速度は同じになることが確認された。

エネルギーと質量は同じである

さて、特殊相対性理論にはもうひとつ、ビックリすることが書かれていました。こちらは、次のようなほんの短い方程式で表すことができます。おそらく世界でいちばん有名な方程式ですから、見たことのある人も多いでしょう。

$E=mc^2$

この「E」はエネルギー、「m」は質量、「c」は先ほど出てきた光速のことです。エネルギーの大きさは、質量に光速を二回かけた値に等しい――これが何を意味しているか、わかるでしょうか？

実はこの方程式は、それまで別々のものだと考えられていたエネルギーと質量が、本質的には同じであることを示していました。物質の質量が、エネルギーに変わるというのです。

それ以前は誰もが「質量保存の法則」を正しいと信じていたので、これは実に革命的な理論でした。たとえばガラスのコップを落としてバラバラに砕け散った場合、その破片をすべて集めれば、形は崩れていても、その質量は割れる前と同じになる――簡単にいえば、それが質量保存の法則です。

しかし質量がエネルギーに変わるならば、これはいつも成り立つとはかぎりません。一部がエネルギーに変われば、その分、質量が減ってしまいます。保存されるのは質量ではなく、エネルギーの量なのです。

ところで、このエネルギーとは何でしょうか。言葉自体は誰でも日常的によく使いますが、ちゃんと説明しようと思うと実はよくわからない、という人が多いと思います。実際、物理学でいうエネルギーをきちんと定義すると難しい話になってしまうのですが、これは要するに「何か仕事ができる能力」のことだと考えればいいでしょう。この「仕事」とは、物体を動かしたり、温度を上げたりといった物理現象を起こすことです。

たとえば猛スピードで走っているF１マシンが、ドライバーのミスでコースを外れて壁に激突すれば、車体や壁が壊れます。止まっている車にそんな仕事はできませんが、走行中の車にはそれだけの仕事をする能力がある。車の「運動エネルギー」が、車体や壁を破壊する力になるわけです。

とはいえ、動いている物体だけがエネルギーを持っているわけではありません。リンゴを高いところから地面に落とすと潰れますが、手を離して落下を始める前にも、リンゴにはそれだけの仕事をする能力がありました。これが「位置エネルギー」と呼ばれるもので、位置が高いほどエネルギーも大きくなります。その位置エネルギーが、手を離したときから運動エネルギーに変わり、地面に衝突したところでリンゴを潰す力になるのです。

そして、エネルギーはそこで消えてしまうわけではありません。リンゴが地面にぶつかれば、そこには熱も生まれるでしょうし、音も出るでしょう。運動エネルギーが、「熱エネルギー」や「音エネルギー」（空気を振動させるエネルギー）などに変わったわけです。そういったエネルギーを合計すると、その総量は最初の位置エネルギーと変わりません。こうして、エネルギーは保存されるのです。

アインシュタインの発見によって、質量もさまざまに姿を変えて保存されるエネルギーの一種であることがわかりました。たとえば私たちの体も、質量がある以上、ある意味で「エネルギーの固まり」のようなものだといえます。

しかも、質量から生じるエネルギーの大きさは半端なものではありません。なにしろ光速は、秒速299792458メートル。それを二回かけるのですから、ほんの小さな質量から莫大《ばくだい》なエネルギーが生まれます。たとえば一円玉五個の質量をすべてエネルギーに変えることができれば、東京ドーム一杯分の摂氏二〇度の水を沸騰させることができるのですから、燃料を燃やすのとは比較にならない効率のよさです。

ですから、質量の軽いものと重いものでは、重いもののほうが潜在的に持っているエネルギーが多いといえるでしょう。たとえば、活発に飛んだり跳ねたりする小柄な体操選手と、ソファから動かずにお菓子を食べながらテレビばかり観《み》ている太った人を比べたとき、私たちは体操選手のほうを「エネルギッシュな人」だと思います。しかし「質量＝エネルギー」だと考えれば、太った人ほど「エネルギッシュ」だといえないこともありません。

話がちょっと遠回りしましたが、この質量こそが太陽の熱を生み出すエネルギー源です。ケルヴィン卿は太陽の質量をもとに計算したのですから、アインシュタインの「$E=mc^2$」を知らなければ、そのエネルギーを何百分の一も小さく見積もってしまうのでも無理はないでしょう。太陽は、石油や石炭を燃やすようにして熱を出しているのではなく、質量をエネルギーに変えることによって燃えているのです。

太陽がエネルギーを生み出す仕組み

それでは、太陽はどのようにして質量をエネルギーに変えているのでしょうか。それを知るには、まず太陽がどんな構造になっているのかを知る必要があります。

太陽はガスの固まりのような星です。表面は温度が約六〇〇〇度もあるので、生身の人間は近づくこともできませんが、仮に宇宙船で行くことができたとしても、着陸できるような固い「地面」はありません。おもに水素とヘリウムでできたガスが、重力によって集められて星を形づくっています。

ちなみに、太陽が「赤色」に見えるというのは、私たちが夕日を見るときの印象で、大気が青い光を散らしてしまった残りを見ているからなのです。真昼に一瞬、太陽を見ると「白色」で、これが本当の太陽の色です。青から赤まで満遍なく光が含まれていて、これが六〇〇〇度に相当します。

ですが、星の温度は外側も内側も同じというわけではありません。太陽の六〇〇〇度はあくまでも表面の温度で、内側に行けば行くほど高くなっていきます。内側ほど重力が強いためガスの密度が高く、温度も高くなるのです。

では、温度が高いとどうなるのか。私たちは温度の高さを皮膚で感じて「暑い（熱い）」「寒い（冷たい）」などといいますが、これは分子の動きによるものです。物質を形づくっている分子は、温度が高いほど活発に動き回る。たとえば夏の暑い日は、空気（酸素や窒素など）の分子が冬の寒い日よりも元気よくビュンビュン飛び回り、それが私たちの皮膚にバチバチと激しく当たり、私たちの体内の分子も激しく動き始めるので「暑い」と感じるのです（温度計も、その動きに水銀が反応するようにつくられています）。

水素は普通地球上では原子二つが結びついた分子ですが、太陽の表面では、高温のため水素は分子でいることはできず、原子レベルにバラバラになっています。その原子にも内部構造があって、原子核のまわりを電子が回っています。そして原子核は、陽子や

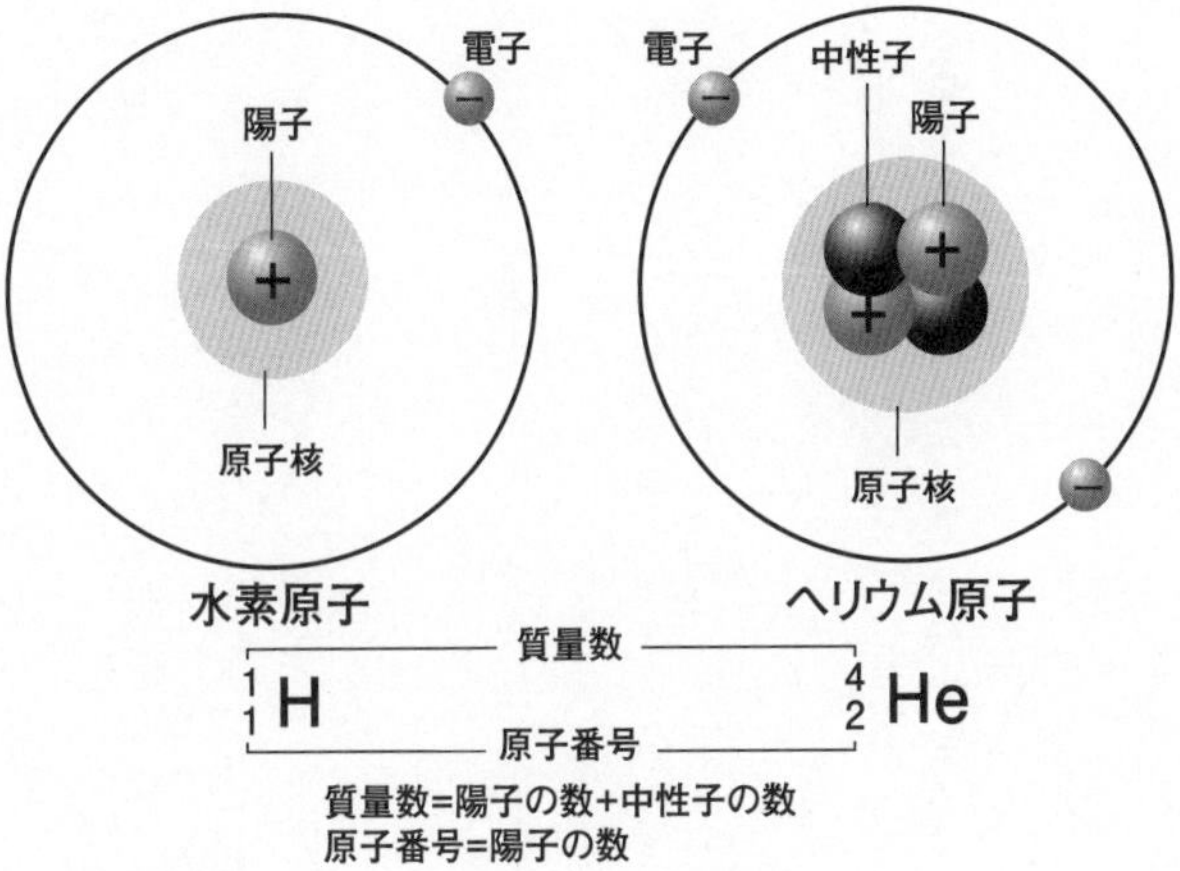

原子の構造

原子は100種類以上もある。内部構造として原子核と電子が存在し、原子核は陽子と中性子から構成されている。

中性子からできている。その数は元素によって違っていて、水素原子の原子核は陽子一個、ヘリウムは陽子二個と中性子二個です。

太陽の中心部（太陽核）は約一五〇〇万度もの高温なので、水素が原子の姿を保っていられません。そのため、電子をはぎ取られてバラバラになった陽子が、凄《すさ》まじいスピードで飛び回っています。しかも密度が高いので、それが互いにぶつかり合う確率も高い。中にはべちゃっとくっつくものも出てくるでしょう。これが「核融合」という反応です。

太陽核では、水素の原子核（陽子）が四つくっつくことで、ヘリウムの原子核がつくられます（このとき陽子は、ニュートリノと陽電子〈電子の反物質で電荷がプラス〉を出して中性子に変わります。ニュートリノと反物質はこれからのお話に出てきます）。

ところが、ヘリウム原子の質量と陽子四つ分の質量は同じではありません。くっついた後のほうが、〇・七パーセントほど軽くなっています。重さ二五グラムのお団子を四つくっつけて秤《はかり》に載せると九九・三グラムになっているようなものですが、この失われた〇・七パーセントの質量がエネルギーに変換されて、太陽の熱を生み出しているわけです。

「お化け」のようなニュートリノ

もちろん、太陽核でそんな反応が起きていることを現場で観察した人はいません。しかし、それがたしかに起きていることを示す証拠は地球上でも観測できます。その証拠が、先ほどちらりと名前の出た「ニュートリノ」という粒子です。

この粒子の存在が理論的に予想されたのは、ある現象で「エネルギー保存の法則」が破れているように見えたのがきっかけでした。中性子の「ベータ崩壊」という現象です。

これは、原子核の中にある中性子が、電子をひとつ放出して陽子に変わる現象のこと。電気的な引力や斥力のもとになるのが、それぞれの粒子の持つ「電荷」で、電荷は反応の前後で変わらず保存されます。中性子は電荷がゼロ、陽子はプラス1、電子はマイナス1ですから、電子を吐き出した中性子は陽子になる。それ自体はとくに変ではありません。問題は、ベータ崩壊を起こす前に中性子が持っていたエネルギーよりも、崩壊後の陽子と電子が持つエネルギーの合計のほうが小さくなっていることです。質量ではなく、全体のエネルギー量が減っているのですから、これは納得いきません。

そこでヴォルフガング・パウリというスイスの物理学者が、ある説を唱えました。ベータ崩壊のときに「お化け」のような謎の粒子が飛び出してエネルギーの一部を持ち去っているに違いない――というのです。しかもその粒子は質量がかぎりなくゼロに近く、ほかの物質をスルスルと素通りしてしまう。そのためパウリは「存在するはずだが、絶対に発見できないだろう」と予想しました。

　これが後にニュートリノと名づけられた粒子です。日本語では（あまり使われているのを見かけませんが）「中性微子」と訳されているとおり、「電気的に中性（ニュートラル）な小さい粒子」という意味。「新しいトリノ」ではありません。

　パウリの悲観的な予想に反して、ニュートリノの存在は一九五〇年代に実験室で確認されました。たしかに、中性子がベータ崩壊を起こすときにはこの粒子が飛び去り、エネルギーを持ち出していたのです。

　そして、ニュートリノが飛び出す現象はベータ崩壊だけではありません。太陽内部で起きている核融合も大量のニュートリノを放出し、それは地球上にも届きます。だから、太陽の方向から飛んでくるニュートリノを観測すれば、はるか遠くで核融合が起きていることがわかるのです。

　とはいえ、なにしろ当初は「発見は不可能」といわれていた粒子ですから、観測するのも簡単ではありません。たとえば日本には、「スーパーカミオカンデ」という巨大な観測装置があります。岐阜県飛驒《ひだ》市の神岡《かみおか》鉱山の地下につくられた円筒形の装置で、直径も高さも約四〇メートル。そこに五万トンもの超純水（不純物のきわめて少ない水）

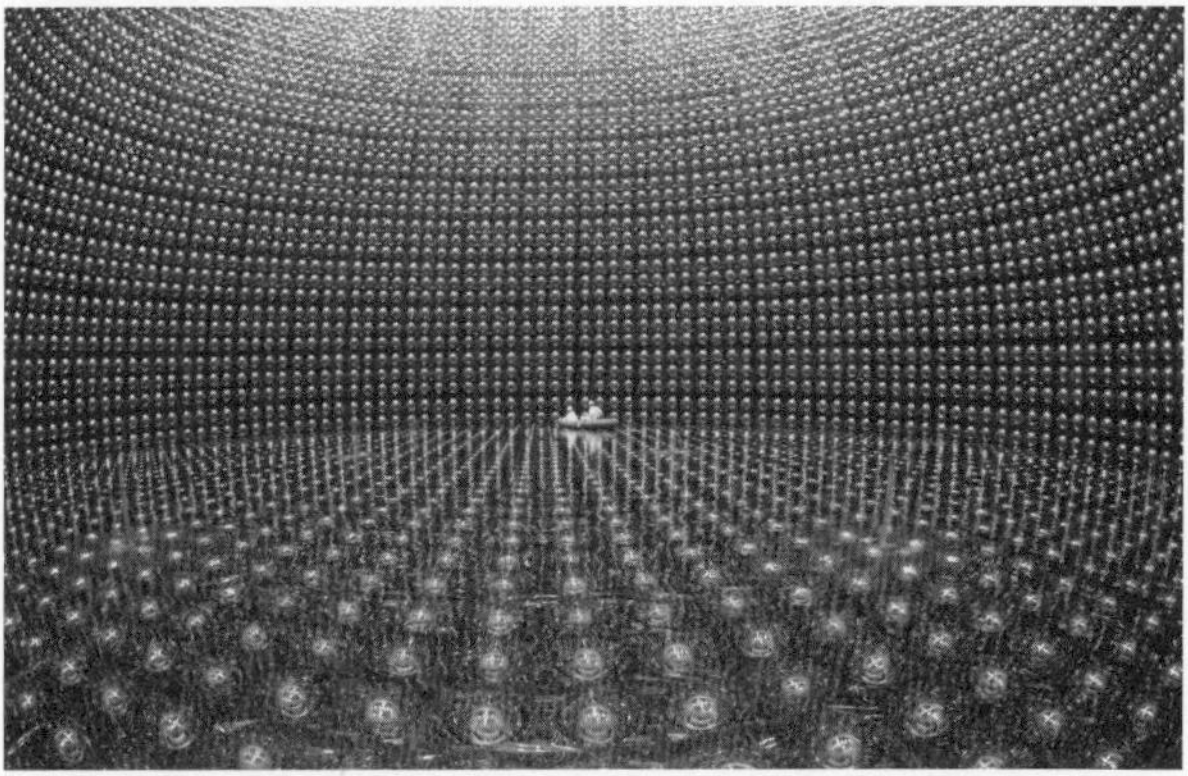

スーパーカミオカンデ

世界で初めて太陽系外からのニュートリノを観測したカミオカンデの役目を受け継ぐ、スーパーカミオカンデの内部。岐阜県飛騨市神岡町の神岡鉱山内につくられている。

写真提供：東京大学宇宙線研究所 神岡宇宙素粒子研究施設

を溜《た》め、ニュートリノが水中の電子に衝突したときに生じる光を、壁面にびっしりと敷き詰めたおよそ一万一二〇〇本のセンサーでキャッチする仕組みです。

しかし、それだけの水を溜めて待ち受けていても、太陽からのニュートリノが水中の電子に衝突するのは一日に一〇回程度しか観測できません。ニュートリノは私たちの体を一秒間に何十兆個も通り抜けているのに、です。

それほど見つけにくい粒子ですから、実験室で存在が確認されてからも、宇宙から飛んでくるニュートリノはなかなか捕まえられませんでした。それを最初にキャッチしたのは、スーパーカミオカンデの先代として活躍した「カミオカンデ」です。貯水量はおよそ三〇〇〇トン、センサーは約一〇〇〇本と、現在のスーパーカミオカンデよりもずっと小さな装置でした。

ですから、カミオカンデが最初にキャッチしたニュートリノは、太陽からのものではありません。一九八七年二月に、大マゼラン星雲で起きた超新星爆発によって生まれたニュートリノです。

超新星爆発とは、太陽よりもはるかに巨大な星が一生を終えるときに起こす大爆発のこと。そこからは、太陽が放出するのとは比較にならないほど大量のニュートリノが飛び出します。だからこそ、規模の小さいカミオカンデでも捕まえることができました。

大マゼラン星雲は一六万光年のかなたにありますから、ニュートリノは一六万年かけてカミオカンデにやってきたわけです。そこで一一個のニュートリノを検出したことで、カミオカンデ実験のリーダーだった小柴昌俊さんにノーベル物理学賞が与えられました。

超新星爆発が私たちをつくった

ずいぶん太陽から遠く離れたところの話になってしまいました。ここで話を一六万光年先から約八光分（光速で八分）先の太陽まで戻しましょう。

太陽の中心付近でエネルギーが生み出される仕組みは先ほど説明しましたが、そこで生まれるのはそれだけではありません。核融合の説明を見ればわかるとおり、水素の原子核をくっつけることでヘリウムという元素をつくり出しています。

たとえば水素と酸素が結びついて水になっているように、物質がさまざまな元素からできていることは、理科の授業でも習ったことがあるでしょう。元素の種類は、その陽子の数「原子番号」で決まります。それを少ないほうから順番に並べたのが、よく理科室の壁に貼ってある元素の周期表。いちばん原子番号が小さい水素から始まり、以下、ヘリウム、リチウム、ベリリウム、ホウ素、炭素、窒素、酸素……と続きます。

これらの元素は、宇宙に最初から勢揃《せいぞろ》いしていたわけではありません。まず陽子一個の水素原子が生まれ、そこから核融合によって重い元素がつくられていきました。太陽の中で水素からヘリウムがつくられるのも、その一例です。

いまはヘリウムが合成されていますが、やがて太陽の中では別の元素がつくられることになるでしょう。太陽の中にある水素がすべて燃え尽きた場合、こんどは複数のヘリウム原子核が核融合を起こすのです。

では、それによって何ができるのか。ヘリウム原子核は陽子二つと中性子二つですから、それが二つで核融合を起こせば原子番号4（陽子四つと中性子四つ）のベリリウムになりますが、自然界は算数の足し算どおりにはいきません。ベリリウムはとても不安定な元素なので、あっという間に壊れて二つのヘリウム原子核に戻ってしまいます。しかしヘリウムが三つあれば、寿命の長い安定した元素になる。原子番号6（陽子と中性子が六つずつ）の炭素です。

この世に存在する元素のほとんどは、そうやって星の中でつくられました。星の内部で核融合が起こらなければ、私たちの体をつくっている炭素やカルシウムも、地球の大気に含まれる酸素や窒素も生まれません。

ただし、太陽の中でつくられるのは炭素まででしょう。もしかすると原子番号8の酸素ぐらいまでは合成されるかもしれませんが、それよりも重い元素はつくれません。太陽ぐらいの大きさの星では重力が足りないので、それ以上の核融合は起こせないのです。

しかし宇宙には、太陽の何十倍も大きな星がたくさんありますし、過去にもありました。巨大な星の内部では、水素からヘリウム、ヘリウムから炭素ができた後も、どんどん核融合が進みます。とはいえそこにも限界があって、原子番号26の鉄あたりまで行くと、それ以上は核融合ができません。核融合で生まれるエネルギーよりも、原子核をくっつけるために必要なエネルギーのほうが多くなってしまうからです。

するとどうなるか。星はそれまで、核融合のエネルギーによって、自分自身が重力で潰れるのを防いでいます。エネルギーが高いほど温度が高く、内部の物質がビュンビュンと活発に動き回るので、中心に向かって働く重力に負けることなく星の形を支えられるのです。

しかしエネルギーがなくなると、その動きが止まるので、もう支えきれません。星は自らの重さによって潰れてしまいます。そこで起きるのが、先ほど出てきた超新星爆発です。たとえば、ゴム製のスーパーボールを床に落とすと、ビヨーンと跳ね返りますよね？　超新星爆発は、それに似たようなことが凄まじい規模で起きるのだと思えばいいでしょう。「潰れる」とは、強力な重力に引っ張られて星全体が中心部に向かって「落ちる」のと同じことです。それが一気に跳ね返ることで、大爆発が起きるわけです。

そして、この超新星爆発がなければ、私たちはこの世に存在していなかったでしょう。星の内部ではさまざまな元素がつくられていますが、そのままでは外に出てきません。大昔に超新星爆発を起こした星がさまざまな元素を宇宙空間にバラまき、それがまた集まって次の世代の星の材料になるといったサイクルが、宇宙ではくり返されています。

太陽も、そうやって生まれた第二世代か第三世代の星。だから、太陽の惑星である地球には炭素や酸素や窒素や鉄などの元素があり、そのおかげで私たちの体もつくられているのです。はるか昔に爆発した星の残骸でできていると思うと、自分が「地球で生まれた地球人」ではなく、「宇宙で生まれた宇宙人」だと実感できるのではないでしょうか。

星の一生

ところで、星はどれも最後に超新星爆発を起こすわけではありません。星の一生は、その質量によって違います。

太陽程度の星の場合、自分の重さで潰れても、超新星爆発ほどの勢いでは跳ね返りません。しかし、だからといって安心してはいられないのも事実。核融合に使われる水素が使い果たされると、太陽は膨張し始めて「赤色巨星《せきしょく》」と呼ばれる星になります。その場合、地球の軌道を飲み込む大きさまで膨張することが予想されるので、人類はそれまでに引っ越し先を用意しておかなければいけません。五〇億年ぐらい先のことですから慌てる必要はありませんが、これから人類がうまく生き残れば、いつか必ずそれが現実問題となるのです。

もし人類が太陽系から遠く離れた惑星に逃げ切れた場合、そこから望遠鏡で昔の住《す》み処《か》を振り返ると、そこにまた新しい惑星が生まれたように見えるかもしれません。でも、それは惑星ではないので、戻るのはもう無理。これは「惑星状星雲」と呼ばれるものですが、実際は惑星ではなく赤色巨星のガスが周囲に流れ出して光っているだけだからです。

その惑星状星雲の中心には、「白色矮星《はくしょくわいせい》」という小さな天体が残ります。赤色巨星の「芯」のようなもので、あまり明るくありません。これが線香花火の芯のようにジリジリと光りながら、徐々に暗くなっていく。それが太陽の最期の姿です。

一方、質量が太陽の八倍以上ある大きな星は、赤色巨星になった後で超新星爆発を起こします。しかしその後の運命は、どれも同じではありません。やはり質量によって、二通りの道をたどると考えられています。

太陽の八倍から二〇倍程度の星の場合、重力が強いため、芯の部分は白色矮星よりもはるかに高い密度に圧縮されます。また、不安定になった陽子が電子を吸い込んで中性子になるので、そこには電荷がありません。電気の反発力がないので、ますます重力による圧縮が進みます（ちなみに地球が現在のサイズ以上に縮まらないのは電気の反発力で重力を押し戻しているからです）。

その結果、質量はものすごく大きいのに、直径のとても小さい星ができあがります。これは「中性子星」と呼ばれるもので、直径がたった一〇キロメートルしかないのに、質量は太陽と同じぐらいあるのです。

しかし、質量が太陽の二〇倍以上ある星は、もっと不思議な運命をたどります。その天体は中性子星以上に高密度で大きな質量を持っているため、とても強い重力で周囲のものを引き寄せる。そこからは、宇宙でもっとも速い光さえ脱出できません。ここまでいえば、それが何なのかは察しがつくでしょう。そう、「ブラックホール」です。

名前が「黒い穴」なので、何もない空間に大きな穴がぽっかりと口を開けているようなイメージを抱いている人もいるでしょうが、ブラックホールは穴ではありません。白色矮星や中性子星と同様、星の一生の最後に残る芯のようなものです。

その性質については、第四章で詳しくお話ししますが、ブラックホールは決して空想の産物ではありません。一生を終えた巨大な星の残骸として、宇宙のあちこちにたくさんあるのです。

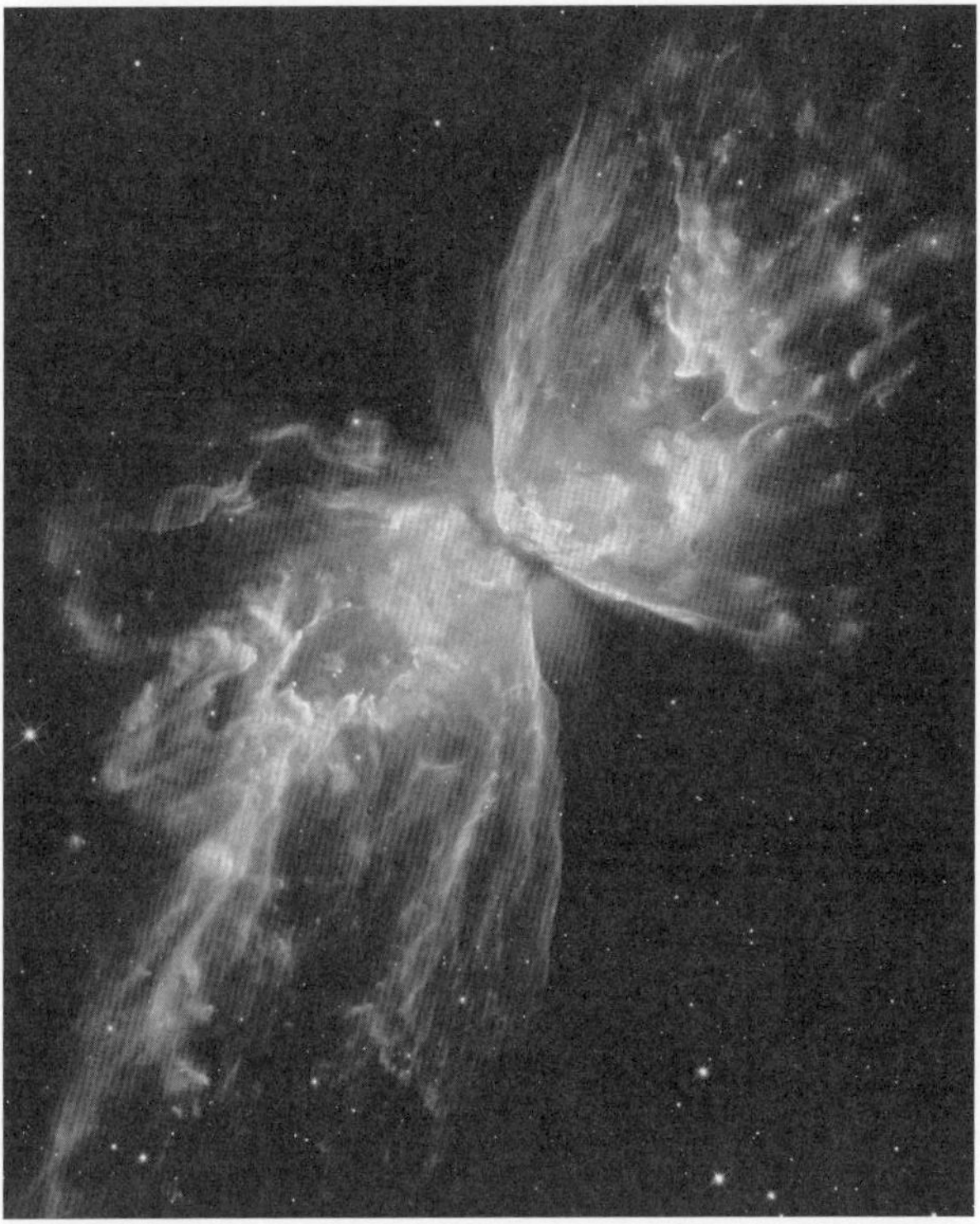

惑星状星雲

「バタフライ星雲」として知られる惑星状星雲「NGC 6302」。
提供：NASA, ESA, and the Hubble SM4 ERO Team

第三章

惑星の不思議

重力の働き

太陽の話を終えたところで、次はその周囲を回る惑星を取り上げることにしましょう。宇宙の成り立ちに関する話は、太陽のように自ら光り輝く星（恒星ともいいます）が中心になりがちです。しかし私たち人類は、星のまわりを回りながらそのエネルギーを受ける惑星で生まれました。これこそが、もっとも身近な天体です。

もし地球外生命体がいるとしたら、彼らもおそらくどこかの惑星で暮らしているでしょう。立っていられる地面がなく、核融合によって火の玉のように燃えている星は、生命体が暮らすのに向いているとは思えません。SF作品に登場する宇宙人も、火星人や金星人など、惑星の住人と相場が決まっています。

身近なわりに「惑星」などと謎めいた名前で呼ばれていますが、これは天動説が信じられていた時代に、その動きがわかりにくかったためにつけられたもの。夜空の星はほとんどが同じ配置で回転します（オリオン座の三つ星が隊列を崩すことはありません）が、火星や木星はそれとまったく違う動き方をします。天動説では、そこにいろいろと複雑な理屈をつけて説明していました。それがケプラーの理論によって、よりスッキリとシンプルに説明できたわけです。地動説の登場によって、惑星はそれほど人を惑わせ

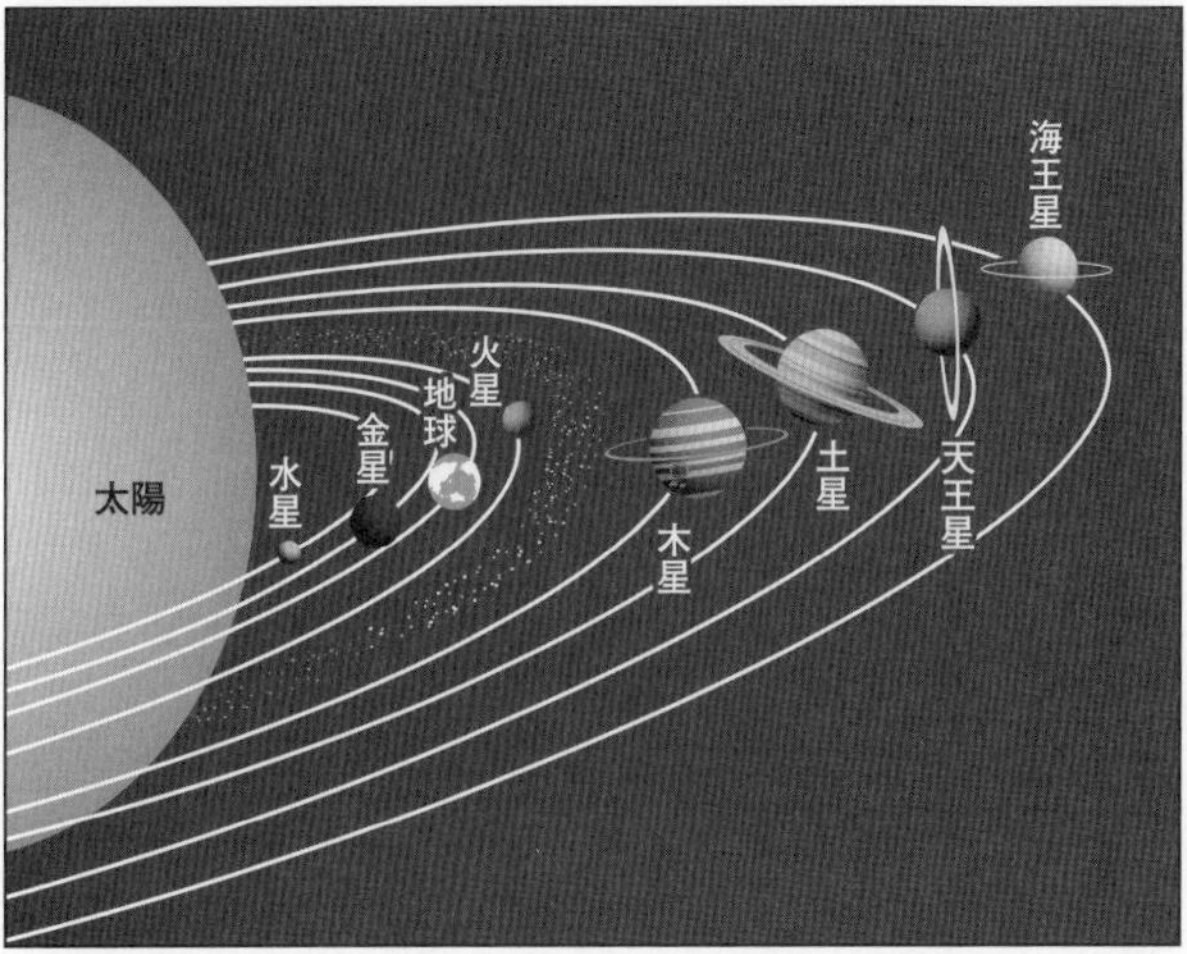

太陽系

太陽系には水星、金星、地球、火星、木星、土星、天王星、海王星の8つの惑星がある。惑星は太陽に近い順から、「岩石惑星（水星、金星、地球、火星）」「ガス惑星（木星、土星）」「氷惑星（天王星、海王星）」に分けられる。

る天体ではなくなりました。

しかし、そこに謎がまったくないわけではありません。前にもお話ししましたが、惑星が楕円軌道を描いていることを突き止めたケプラーも、それがどんな力で回転しているのかはわかりませんでした。その謎を解明したのが、ニュートンの万有引力の法則です。

第一章で説明したとおり、地球や火星や木星が太陽のまわりを回転するのは、放っておくと飛び去ってしまう惑星を、太陽が引力でつなぎ止めているからです。ここでは、その重力の働きをもう少し詳しく説明してみましょう。

前章の終わりに、「ブラックホールは重力がものすごく強いので、光でも脱出できない」という話をしました。逆にいうと、ブラックホールほど重力の強くないふつうの星からは、光が脱出できるということ。だから光が地球にまで届いて、私たちの目にも見えるわけですね。

このように、ある天体から脱出するために必要な速度(これを「脱出速度」といいます)は、その天体の重力によって決まります。天体が自分のほうへ引き戻そうとしてかけた縄を、引きちぎって逃げることのできるスピードだと思えばいいでしょう。ブラックホールが投げた縄は絶対に引きちぎることができませんが、地球のように小さな天体は重力も小さいので、脱出速度もそれほど大きくありません。

とはいえ地球上でも、人間の力でボールを投げ上げた程度のスピードでは、重力に負けて落ちてきます。槍投げパリ五輪金メダリストの北口榛花選手のパワーがいくらすごいといっても、投げた槍が宇宙に向かって飛び去ることはないでしょう。地球からの脱出速度は、秒速一一・二キロメートル。時速にすると四万三二〇キロメートルです。これ以上の速度でロケットを打ち上げると、地球の重力を完全に振り切ってしまうので、二度と戻ってきません（もちろん自前の動力があれば話は別ですが）。

ただし、それ以下の速度でも、地表に戻ってこないケースがあります。秒速七・九キロメートル以上の速度があれば、地球にサヨナラはいわないけれど、落ちてもこない。北口選手が手を離す前の槍のように、地球の重力につなぎ止められたまま軌道上をくるくると回り始めます。

ですから、地球の周回軌道上に乗せる人工衛星の打ち上げ速度は、秒速七・九キロメートル以上。一方、火星や木星など地球の周回軌道を離れないと仕事にならない探査機を積んだロケットの打ち上げ速度は、秒速一一・二キロメートル以上ということです。

しかし秒速一一・二キロメートル以上で地球の重力を振り切っても、太陽の重力からはまだ逃れられません。それを振り切って太陽系の外まで脱出するには、秒速一六・七キロメートル以上の速度が必要です。

ここで、NASA（アメリカ航空宇宙局）が一九七七年に打ち上げた二機の「ボイジャー」を思い出す人もいるでしょう。地球外の知的生命体に拾われることも想定し、地球の言葉や音楽、画像などを記録したレコードを載せて飛んでいる無人探査機です。すでに1号は木星や土星、2号は天王星や海王星などの観測を済ませました。どちらもそのまま長い長い旅を続けていますが、1号は二〇一二年八月に、2号は二〇一八年十一月にやっと太陽系の外に出ました。その飛行速度は、1号は秒速約一七キロメートル、2号は秒速約一五・五キロメートルです。それにしても、打ち上げから三〇年以上かかったのですから、太陽系は広いですね。

重い物体も軽い物体も同じ速度で落ちる

ちなみに、「秒速一一・二キロメートル以上」は、地球から脱出できる速度です。太陽から打ち上げた場合、その脱出速度は秒速六一八キロメートルになります。物質の重力は質量が大きいほど強く働くので、地球からの脱出よりもはるかに速いスピードが必要になるのです。

重い物体ほど重力が強い——これを聞いて、ほとんどの人は、とくに疑問を抱かず当たり前のことと受け止めたでしょう。しかし中には、第一章で触れたピサの斜塔の話を思い出して「ん？」と首をひねった人もいると思います。

ガリレオがピサの斜塔で実験をしたのは、おそらく事実ではないでしょう。でも、だからといって、その実験で突き止めたとされる現象までウソだったわけではありません。重い物体も軽い物体も同じ速度で地面に落ちるのは、（空気抵抗を無視できれば）科学的な真実です。

どちらも同じ地球の重力で引っ張られているのだから、同じ速度で落ちるのは不思議ではないと思う人も多いでしょう。でも、ちょっと考えてみてください。ニュートンの法則によれば、引力は「万有」です。そこに天体も含まれていることが画期的な発見だったわけですが、万有という以上、当然ながら地球上のどんな物体にも重力はあります。したがって、高いところから鉄の球を落としたとき、重力で「相手」を引っ張っているのは地球だけではありません。地球の重力と同じ強さで、鉄球も地球を引っ張っています。これが有名な「作用・反作用の法則」です。

そして、重力は質量が大きいほど強いのですから、重い鉄球と軽い鉄球を比べた場合、当然、地球を引っ張る力は重いほうが強い。だとすれば、同じ高さから同時に落とすと、重い物体のほうが軽い物体より早く地面に着いてもよさそうに思います。

ところが実際には、重力に差があるにもかかわらず、二つの物体は同じ速度で落下します。これは、なぜでしょうか。

実は、質量の重い物体には、「重力が強い」のほかに、もうひとつ特徴があります。それは「動かしにくい」ということです。これは当たり前の話で、そもそも質量の定義は「動かしにくさ」のこと。たとえばダンプカーに綱を結びつけて引っ張っても簡単には動きませんが、リヤカーはそんなに力を入れなくても動きますよね？　それはリヤカーのほうが軽いからです。

落下する物体も、例外ではありません。地球が鉄球に綱をつけて引っ張っているのだと考えれば、イメージしやすいでしょう。重い鉄球のほうが、軽い鉄球よりも動かしにくい（つまり落ちにくい）のです。

ですから、もし鉄球のほうに地球を引っ張る重力がなければ、むしろ軽い鉄球のほうが速く落下するでしょう。しかし軽い鉄球は、地球を引っ張る力が弱いので動きにくい。一方、重い鉄球は動かしにくいけれど、地球を引っ張る力が強い。この「動かしにくさ」と「地球を引っ張る力（重力）」が打ち消し合い、ちょうどプラスマイナスゼロになるため、重いものも軽いものも落下速度が同じになるのです。

存在が予想されていた海王星

また、ニュートンは物体の距離が離れるほど重力の働きが弱まることも明らかにしました。ケプラーは、太陽から遠い惑星ほど動くスピードが遅く、その速度は距離の平方根に反比例する（たとえば距離が四倍なら速度は二分の一になる）ことを明らかにしましたが、これも距離が離れるほど重力で引っ張る力が弱まるからです。

　ニュートンがこうして重力の働きを解明したことによって、惑星の運動は非常に高い精度で計算できるようになりました。先ほどいったように、惑星は太陽の重力を受けるだけではありません。惑星自身も太陽を引っ張るので、実は太陽のほうもその影響を受けてわずかに動きます。

　そのことは、両端に重さの異なるおもりのついたバトンを考えればわかるでしょう。両端の重さが同じなら、バトンの中心を持てばバランスよく回すことができます。しかし両端の重さが違う場合、重いほうに近いところを支点にしないとうまく回りません。これは「重心一定の法則」と呼ばれるものです。軽い物体と重い物体がつながった状態で回転する場合、位置が「一定」になるのは重いほうではありません。軽いほうが重いほうを中心にして回るのではなく、「重心」を中心にして両方が回るのです。

　ですから、惑星を振り回している太陽も、コンパスの針のように固定されているわけではありません。重心は太陽からほんの少しだけ惑星方向に離れたところにあるので、そこを中心に太陽も回ります。しかし太陽系の惑星はひとつだけではないので、話は複雑です。地球の重力で太陽が動けば、その動きはほかの惑星と太陽の連動にも影響を及ぼすでしょう。また、惑星同士のあいだで働く重力の影響も、その運動を計算する上で無視できません。太陽系の中では、それぞれの天体がそうやって互いに重力を及ぼし合いながら動いているのです。

ニュートンのおかげでその複雑な動きが計算できるようになると、やがて観測された惑星の運動との「ズレ」も見つかるようになりました。もっともよく知られているのは、一八世紀の後半に天王星が土星の外側を回る惑星であることが確認された後のこと。天王星の動きには、ニュートンの重力理論では計算の合わないところがあったのです。

理論と現実が合わない場合、もちろん現実を説明できるように理論を修正することもあります。しかし、それまで多くの現実を正しく説明してきた理論をそう簡単につくり替えることはできません。その理論に合うような現実を探すのも、科学者の選ぶ道のひとつです。もちろん観測された事実を曲げるわけにはいきませんが、そのおかしな事実を引き起こしている未知の事実があるはずだと予想し、それを探すのです。たとえば前に紹介したニュートリノも、エネルギー保存の法則という理論に合う現実をパウリが予想したことで発見されました。

天王星の動きも、ある現実があると仮定すれば、ニュートンの理論で説明のつくものでした。その外側の軌道を回る未知の惑星が存在すれば、計算が合うのです。

そこで新惑星の発見レースが始まったことはいうまでもないでしょう。フランスではユルバン・ルヴェリエ、イギリスではジョン・クーチ・アダムズという学者が、未知の惑星が回っていると予想される軌道を算出し、それを受けた天文学者が探索を行いました。

先にそれを観測したのは、イギリスのほうです。しかしイギリスのジェームズ・チャリスという学者は、それが新惑星であるとは気づきませんでした。その一カ月後、ドイツのヨハン・ゴットフリート・ガレが「これが新惑星である」と報告した一八四六年九月二三日が、後に海王星と名づけられた惑星が発見された日ということになっています（発見者の座はアダムズがルヴェリエに譲ったそうですが、いまは二人とも発見者として扱われています）。

しかし誰が発見したにせよ、その最大の功労者はニュートンだといっていいでしょう。彼の理論があったからこそ海王星の存在が予想され、その理論どおりの場所に発見されたのです。さらに冥王星も、同じように存在が予想され、実際に発見されました。冥王星は実は月ほどの大きさしかなく、最近になってたくさん見つかった太陽系の「外縁天体」の仲間であることがわかり、二〇〇六年に「惑星」から「準惑星」に格下げされました。とはいえ、それが海王星のあたりをぐるぐる回っていることに違いはありません。海王星と冥王星は、まさにニュートン力学の勝利と呼べる存在だと思います。

曲がる空間

しかし、そのニュートン力学も実は完璧ではありませんでした。というのも、太陽にいちばん近い惑星である水星の動きが、きちんと説明できなかったのです。

水星の動きがニュートンの重力理論による計算と合わないため、かつては（海王星や冥王星のケースとは逆に）その内側にもうひとつ惑星があるのではないかと、海王星の発見で味をしめたルヴェリエが予想しました。見つかってもいないのに「バルカン」という名前までつけたのですから気の早い話ですが、それぐらいニュートンの理論が信頼されていたということでしょう。

しかしバルカンは、人気SFドラマ『スタートレック』には出てくるものの、現実にはいまだに発見されていません。それどころか、あるときから誰もバルカンを探さなくなりました。新しい理論によって、そこに未知の惑星がなくても水星の動きを説明できるようになったからです。

それまであらゆる惑星の動きを説明できると思われていた万有引力の法則を超えたのですから、これは大事件といえるでしょう。そんな理論を、いったい誰が打ち立てたのか。

ここで登場するのは、またしてもアインシュタインです。第二章で紹介した特殊相対性理論は光速度不変の原理に基づいて「時間」と「空間」が不変ではないことを明らかにするものでしたが、その一〇年後に発表された一般相対性理論は、「重力」の仕組みを解き明かすものでした。

ニュートンの万有引力の法則は、物体間で重力がどのように働くかを説明しましたが、重力が「なぜ生じるのか」ということまでは説明していません。遠く離れた物体同士が引きつけ合うのは実に不思議な現象ですが、その不思議はとりあえず脇に置いて、現に作用している重力の影響を計算できるようにしたわけです。

しかしアインシュタインは、その「不思議」に真正面から取り組みました。それを考える上での前提になったのは、もちろん自らが唱えた特殊相対性理論です。ニュートンは空間を絶対不変の「箱」のようなものだと考え、その中で起きる物理現象だけを研究対象にしましたが、アインシュタインにとって、空間は物理的に変化する存在ですから、それ自体も研究対象になります。その結果、彼は重力が空間の変化によって生じると結論づけました。空間そのものが歪《ゆが》むことで、物体同士が引っ張り合っているように見えるというのです。

これを三次元空間でイメージするのは難しいのですが、七七ページの図のように二次元（平面）に簡略化して考えると、かなりわかりやすくなります。その平面は、やわらかいゴムシートのような（しかし目には見えない）素材でできていると思ってください。その上に重い鉄の球を置くと、その部分は下にへこみますよね？　これが、「質量で空間が曲がった」ということです。

では次に、その鉄球の近くに、もう少し質量の軽い別の鉄球を置いてみましょう。平面はますます深く曲がって、二つの鉄球がそこに向かって転がり始めます。つまり、どんどん二つが接近していくわけですね。そのときの速度によって、ぶつかって止まることもあれば、軽いほうが重いほうのまわりをくるくると回ることもあるでしょう。いずれにしろ、曲がった平面が見えなければ、二つの物体が透明なロープで引っ張り合っているように見えるはずです。みんな自分はまっすぐ進んでいるつもりでも、空間が曲がっているために「落ちる」のです。

この理屈なら、重さの異なる物体が同じ速度で落下するのを説明するときに、「動かしにくさ」と「重力の強さ」が相殺される——などとややこしい話をする必要がありません。アインシュタインにいわせれば、「空間が曲がることが原因なのだから、どんな重さでも同じように動くのが当たり前だ」という話になるのです。

これ以上の詳しい説明は省略しますが、アインシュタインの重力理論は、決してニュートンの理論を丸ごと否定するものではありません。一般相対性理論によって、万有引力の法則では近似的にしか計算できなかった運動が、より精密に求められるようになったと考えたほうがいいでしょう。物理学の理論は、常にそのように発展してきました。古い理論を捨てて新しい理論と入れ替えるのではなく、従来の理論を新しい考え方によって拡張していくのです。

その一般相対性理論の方程式に基づいて計算したところ、水星の動きはおかしなものではなく、内側に未知の惑星がなくても説明できることがわかりました。ニュートンの

一般相対性理論による万有引力の仕組み

図は３次元空間を２次元の平面と見なし、３次元的に曲がっているイメージ。

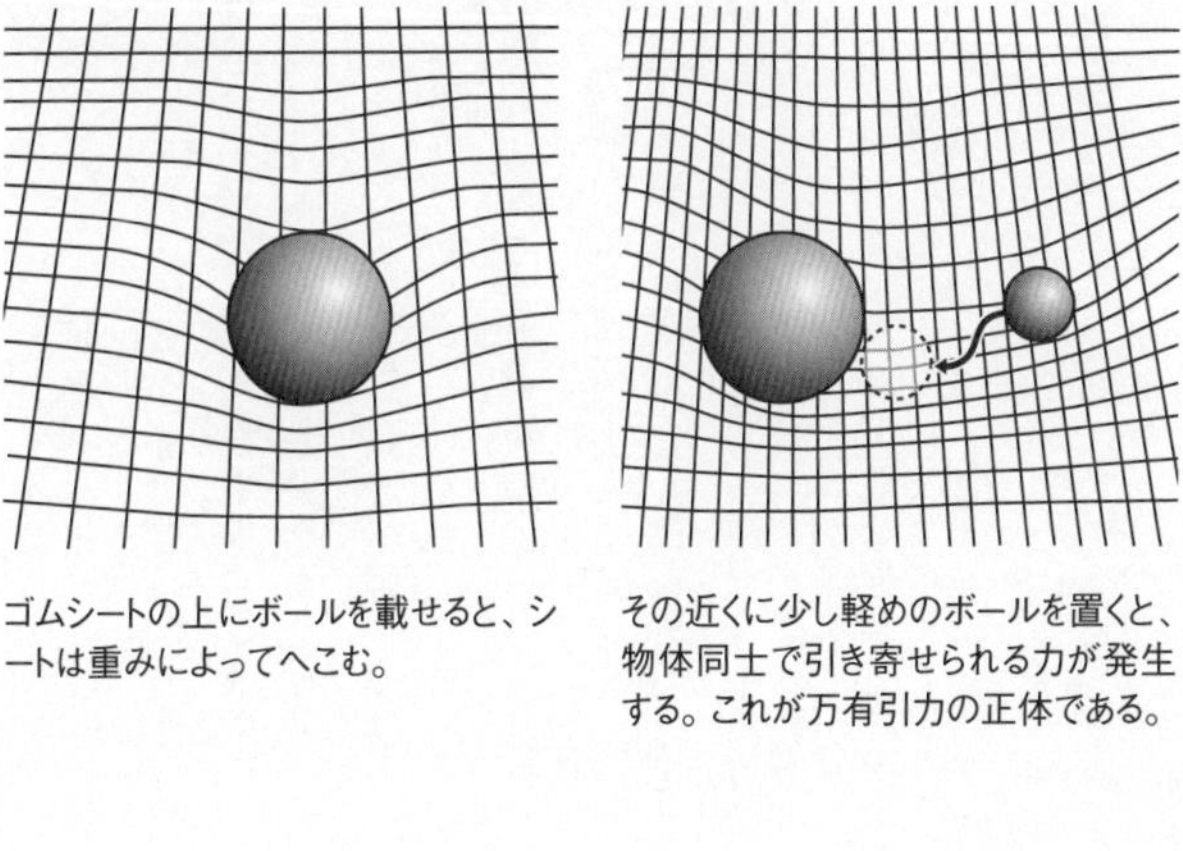

ゴムシートの上にボールを載せると、シートは重みによってへこむ。

その近くに少し軽めのボールを置くと、物体同士で引き寄せられる力が発生する。これが万有引力の正体である。

理論でそれがわからなかったのは、水星が太陽に近く、遠いところにある天王星や海王星よりも速いスピードで運動しているからです。

アインシュタインの理論によれば、光速に近づくほど時間や空間の歪む効果が大事になります。速度の遅い運動ではそれを無視しても計算が合いますが、速度が上がれば上がるほどその影響が大きくなるので、ニュートン理論では正解が出ません。空間の歪みを勘定に入れて計算できるようになったことで、動きの速い水星の運動は一般相対性理論を使って説明できるようになったのです。

実は、この一般相対性理論の効果は身近なものなのです。最近はタクシーや一般の車にもついている「カーナビ」や、スマホで使う地図アプリでは、地球の周回軌道を回る人工衛星からの信号を受けて、自分の場所と時刻を正確に知ることができます。ですが人工衛星は地表から約二万キロメートル上空を回り、地球からの重力による空間の歪みが少ないので、時計の動きが地表よりも速く、放っておけば毎日一〇キロメートルほどものズレが出てしまいます。アインシュタインの理論を使ってこのズレを直すことで、二〇メートルの精度で場所を知ることができるのです。

「見えない」星をどう見つけるか

ところで、惑星は太陽だけが従えているわけではありません。太陽以外にも、宇宙には惑星を持つ星がたくさんあることがわかっています。

惑星は自分では光らない天体なので、太陽系から遠く離れた場所からどうやって探し出すのかと不思議に思う人もいるでしょう。しかし惑星そのものは見えなくても、光っている星を観察することで、その証拠を見つけることはできます。天王星の動きから「ここに別の惑星があるはずだ」と予想ができたのと同じように、星の動きから惑星の存在を突き止めることができるのです。

先ほど説明したように、惑星を従えている星は、その重力の影響を受けてわずかに動いています（両端の重さが違うバトンのお話を思い出してください）。惑星とのあいだにある重心を中心にして、回転運動をしているのです。肉眼では小さな点にしか見えない星のことですから、その動きを知るのは大変ですが、いまは望遠鏡をはじめとする観測技術が進歩したことで、そんな小さな動きもとらえられるようになりました。

では、その動きが上下左右への平行運動ではなく、回転運動であることは、どうやってたしかめるのでしょうか。

そこで利用されるのは光の色の変化です。みなさんは、「ドップラー効果」という言葉を聞いたことがありますか？　よく例に出されるのは、救急車や消防車のサイレンです。近づいてくるときは音が高くなり、遠ざかっていくときは音が低くなる。この効果は、誰でも身近で経験したことがあるでしょう。あれは、音の波長が近づくにつれて短くなり、遠ざかるにつれて長く伸びていくことによって起こります。

これは音だけの現象ではありません。光にも波長がありますから、近づけば短くなり、遠ざかれば長くなる。光は波長によって色が違うので、その変化を観察すれば光源がどのように動いているのかがわかります。近づくときは青くなり、遠ざかるときは赤くなるのです。

もし星が上下左右に動いているだけなら、そこから出る光の色は変わらないでしょう。しかし回転運動をしている場合、その軌道を真横から見れば、あるときは地球に近づき、その後は地球から離れるという動きをくり返します。とても小さな変化なので、それを観測できる技術は本当にすごいと思いますが、この手法によって、惑星を持つであろうと思われる星が五〇〇個以上も見つかりました。

それとは別に、星の手前を惑星が横切るときにできる「影」を観測する方法もあります。周期的に暗くなる星があれば、まわりを回っている惑星が光を遮っていることが推測できるでしょう。

アメリカのケプラー衛星がこの方法を使って、一〇〇〇個以上の惑星の候補を見つけました。一〇〇パーセント「これは惑星がある証拠だ」と断言するのはなかなか難しいことですが、この二つの手法を合わせて確認できれば、かなりの確率で惑星が存在する

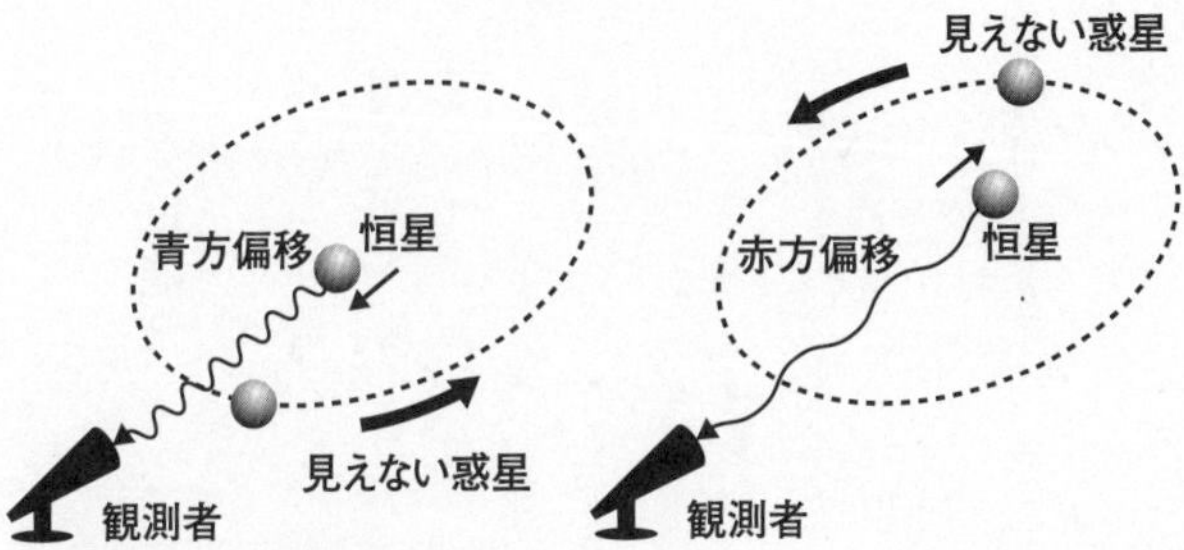

光のドップラー効果
恒星のまわりを惑星が公転していると、惑星の引力により恒星がわずかにふらつく。そうすると恒星の波長は周期的に変化し、近づくときは青く、遠ざかるときは赤くなる。これを光のドップラー効果という。

と考えていいでしょう。

地球外生命体が存在する可能性

そして、惑星があるのなら、そこに生命体が存在する可能性もあります。そこで重要なのは、その惑星に「水」があるかどうか。太陽系の場合、いまのところ生命体が確認されているのは地球だけですが、それは太陽からの距離がちょうどよかったことが最大の要因でしょう。水が蒸発するほど熱くなく、凍ってしまうほど冷たくもない温度だったから、生命の誕生に不可欠な水が大量に存在できたわけです。ちなみに地球より太陽に近い水星と金星は、すでに水が蒸発してしまいました。地球より少し遠い火星にはかつて水があったともいわれていますし、いまも昼間（太陽光線の当たる時間帯）は融けているかもしれませんが、基本的には氷の世界だと思われます。木星から先の惑星には、まず水は存在しないでしょう（しかし、土星の衛星であるエンケラドゥスなど、地質活動などの影響で地中深くに融けた水がある可能性はあります）。

ともかく、地球外生命体が地球上の生物と似たようなものだとするなら、それが存在する惑星の温度は摂氏〇度から一〇〇度のあいだにおさまっていなければなりません。これは星の温度と惑星までの距離で決まるわけですが、かなり難しい匙加減《さじかげん》が求められるといえるでしょう。

また、第二章でお話ししたとおり、私たちの体は超新星爆発でバラまかれたさまざまな元素からできています。したがって地球外生命体も、もし存在するとすれば、元素の種類の多い新しい星の惑星のほうが可能性が高いでしょう。古い星ほど、生命体をつくるための元素が少ないと考えられているからです。

そうやって考えていくと可能性がどんどん下がってしまうのですが、星はたくさんありますから、地球の条件と近い惑星がどこかにあっても不思議ではありません。太陽系のある天の川銀河だけでも、星は二〇〇〇億個ぐらいあります。さらに、いま観測できる範囲だけでも、宇宙にはそういう銀河が一〇〇〇億個ぐらいある。二〇〇〇億の一〇〇〇億倍もの星があるのですから、温度が〇度から一〇〇度で、豊富な元素に恵まれた惑星がひとつや二つあってもいいでしょう。そしていま頃、その惑星でも、「どこかに水のある惑星はないか」と仲間を求めて宇宙に望遠鏡を向けている知的生命体がいるかもしれないのです。

第四章
ブラックホールと暗黒物質

太陽系は「新興住宅地」？

前章では、「太陽系は広い」という話をしました。ボイジャーが三〇年かけてやっと外に出られたのですから、私たち地球人の感覚からすれば、太陽系が広大な「敷地」を持っていることは間違いありません。

しかし宇宙全体から見れば、太陽系など実にちっぽけな存在です。ボイジャーがなんとか脱出した敷地は、銀河系のごく一部にすぎません。銀河系の中心部から遠く離れた郊外にある新興住宅地のようなものだと思えばいいでしょう。

太陽系が銀河系の中心部から離れていることは、夜空を見上げればわかります。もっとも、いまは都会の電気が明るいのでなかなかはっきりとは見られないかもしれませんが、そこに「天の川」が流れていることはご存じですよね？　七夕に織姫と彦星が出会うという伝説が有名ですが、あの天の川こそ銀河系にほかなりません。そのため、銀河系は「天の川銀河」とも呼ばれます（ちなみに天の川銀河以外は「銀河」と呼んで「系」を付けずに区別するのが一般的です）。

では、この銀河系はどんな形をしているのでしょうか。自分たちのいる銀河系は全体像を望遠鏡で見ることができませんが、さまざまな観測結果から、そこでは多くの星が

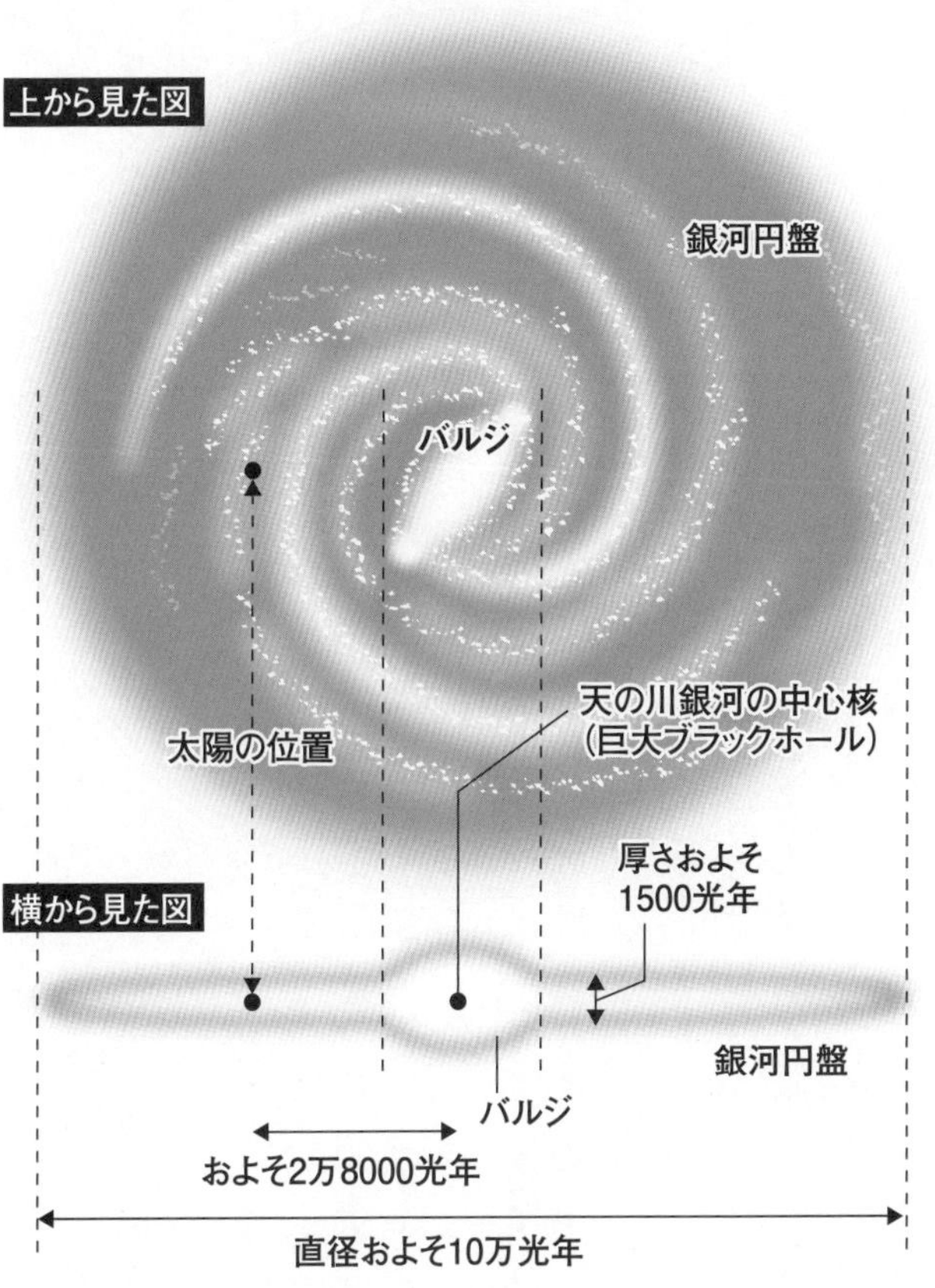
上から見た図
銀河円盤
バルジ
天の川銀河の中心核
(巨大ブラックホール)
太陽の位置
厚さおよそ
1500光年
横から見た図
銀河円盤
バルジ
およそ2万8000光年
直径およそ10万光年

天の川銀河の姿

円盤状に渦を巻いていることがわかっています。上から見ると、中心に棒状の部分があり、その両端から「渦状腕《かじょうわん》」と呼ばれるアームが外側に向かってグルグルと延びている。何も資料を見ないで「銀河系の絵を描きなさい」といわれたら、蚊取り線香のような渦巻きを描いてしまう人が多いだろうと思いますが、そうではありません。

この円盤状銀河は、横から見ると薄っぺらいのですが（といっても厚さは約一五〇〇光年もありますが）、真ん中は目玉焼きの黄身のように膨らんでおり、「バルジ」という呼び名で外側の部分と区別されています。もし地球がこのバルジの中にあるなら、夜空に天の川はないでしょう。周囲の三六〇度すべてにびっしりと星が見えるはずなので、天の川ではなく「天の海」と呼ばれていたかもしれません。

しかし実際には、地球の夜空には川のように星が並んでいる部分と、あまり星が見えない部分があります。川のように見えるのは、銀河系の薄い円盤を横から見ているから。星の少ない部分は、円盤の「上」と「下」なのです。地球のある太陽系が、バルジという「人口過密都市」から遠く離れた郊外にあることは間違いありません。

では、先ほど「新興住宅地」と呼んだのはどういう意味でしょうか。

銀河系は現在の姿で完成したわけではなく、全体の重力で近くの銀河を飲み込みながら成長を続けています。それは、私たちの銀河系だけではありません。時間が経《た》つほど大きくなるのは、宇宙に存在する銀河に共通の特徴です。

望遠鏡で観察すると、遠くにある銀河ほど小さい（つまり生まれてからあまり時間が経っていない）ことがわかりますが、これも銀河が成長する証拠のひとつといえるでしょう。「遠い」ことと「生まれて間もない」ことに何の関係があるのかと思うでしょうが、地球に星の光が届くには時間がかかりますから、天体観測は遠くを見れば見るほど昔の宇宙を見ていることになります。一〇〇億光年向こうにある銀河は、一〇〇億年前の姿。昔の銀河だから小さいのです。もし現在の姿を見ることができれば、もっと大きく成長しているでしょうが、残念ながらそれは見ることができません。

実際、銀河系の渦状腕の先を観察すると、外の星たちが吸い込まれて長細い列をつくっているのがわかります。かつては太陽系にも、そんな時期があったに違いありません。そんなわけですから、外側にある星ほど銀河系の「新参者」ということになります。だから郊外にある太陽系は新興住宅地のようなものなのです。たしかに四六億年といわれる太陽の年齢は長いと感じますが、銀河系のいちばん古い星は約一三〇億歳のおじいさんたちと見積もられていて、太陽はまだ若造だということです。

銀河の中心に存在するブラックホール

銀河系が周囲の星を吸い込むほどの重力を持っているとなると、私たちの太陽系も中心に引き寄せられて、いずれバルジの中に入るのではないかと思う人もいるでしょう。その場合、地球がバルジに近づくにつれて天の川は次第に幅を広げてゆき、やがて「海」のように全天を覆い尽くすことになります。

しかし——想像するとたいへん愉快な風景ではありますが——残念ながらそうはなりません。太陽系のみならず、銀河系の星はぐるぐると回転しているので、惑星が太陽に近づいていかないのと同じように、中心部分に近づくことはないのです。

とはいえ郊外の住人にとって、きらびやかな星の光に囲まれた都会は気になる存在。出かけていくことはできなくても、そこがどんな様子になっているのか知りたいと思うのが人情でしょう。

たしかに、バルジは密度も高く、星と星との距離が近いので、そこに行けばいまよりも夜空の星が大きく見えるかもしれません。その意味では、都会のように華やかな場所ではあります。

でも、その中心に何があるのかを知ると、あまり近寄りたいとは思わない人が多いのではないでしょうか。銀河系の中心には、あのブラックホールがあるからです。

それは、私たちの銀河系だけではありません。天の川銀河と同じ渦巻き型の銀河は、いずれもその中心に巨大なブラックホールがあると考えられています。渦巻き型の銀河は宇宙ではありふれた存在ですが、それと同様、ブラックホールも実にありふれた天体なのです。

ただし、それは最初から「あって当たり前」と考えられていたわけではありません。理論的にその存在が予想された当初は、物理学の世界でも「そんなものがあるはずがない」という激しい反対論にさらされました。

二〇世紀の初頭に、光さえも脱出できない天体があり得ることを予想したのは、ドイツの物理学者カール・シュヴァルツシルトです。それは、アインシュタインが一般相対性理論を発表してからすぐのことでした。アインシュタインが示した方程式を解いたときに出てくるひとつの答えが、ブラックホールだったのです（ちなみに、シュヴァルツシルトは一六歳で天体力学について論文を出版し、二〇代で名門ゲッティンゲン大学の教授になったというすごい人です。このブラックホールの難しい計算も、実は第一次世界大戦の前線で従軍中に成し遂げたのでした。しかし惜しくもその一年後には前線で病気にかかり、亡くなってしまいました）。

シュヴァルツシルトは、極端に小さくて極端に質量の重い天体を考えて、一般相対性理論の方程式に当てはめました。すると、光の速度でも脱出できないという解が出ます。しかしアインシュタイン自身は、シュヴァルツシルトが自分の方程式を解いてくれたことは喜んだものの、現実にブラックホールが存在するとは信じていませんでした。

その後、インド出身の物理学者スブラマニアン・チャンドラセカールが、ブラックホールの実在を予言する発見をします。それまで星の一生はすべて第二章で出てきた白色矮星で終わると考えられていましたが、チャンドラセカールは白色矮星がある値以上には大きくなれないことを発見し、重い星はブラックホールになるはずだと予想したのです。

これは、彼の師匠にあたる学者とのあいだで大論争になりました。イギリスの天文学者アーサー・エディントンです。

このエディントンは、アインシュタインの一般相対性理論が正しいことを裏づける観測をしたことで有名な人物です。アインシュタインの理論によれば、遠くの星からの光が太陽の近くを通るとき、その光は太陽の重力によって曲げられます。当時は「光は直進する」のが常識でしたから、これはなかなか信じてもらえませんでした。

しかしエディントンは、一九一九年五月に起きた皆既日食の際に、太陽の近くにある星を観測し（日食時でなければ眩《まぶ》しくて観測できません）、その星が夜とはややズレた位置に見えることを発見します。そしてエディントンが観測したズレは、アインシュタインが予想した値にピタリと一致していました。この観測事実によって、一般相対性理論の正しさが証明され、アインシュタインは一気にその名声を高めたのです。

そんなエディントンですから、「大胆な理論的予測」を頭ごなしに否定するような頑固な人物だったとは思えません。ところがチャンドラセカールの理論的予想には強く反

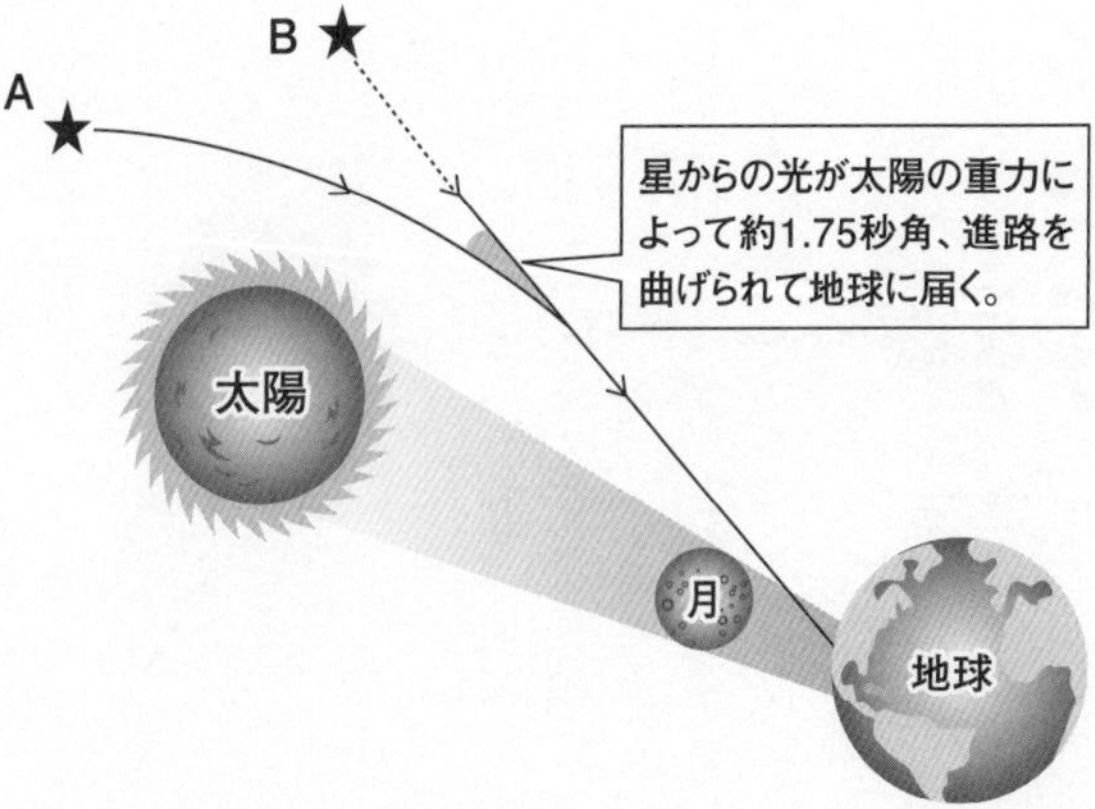

重力による時空の曲がり

アインシュタインは、太陽のまわりの空間が重力により曲がるために星の位置がズレて見えると予測。皆既日食時の観測で、本来Aの位置にあり太陽に隠れているはずの星が、Bの位置に見えることがたしかめられ、相対性理論の正しさが証明された。

対し、認めようとしませんでした。光さえ吸い込んでしまうブラックホールの存在は、ある意味で、光が曲がること以上に非常識な話だったといえるかもしれません。エディントンが公式の場でチャンドラセカールの発見を笑いものにしたので、チャンドラセカールはイギリスを去らなくてはなりませんでした。

ブラックホールの発見

しかし、間違っていたのはチャンドラセカールではなく、エディントンでした。やがて世界中の学者たちが、チャンドラセカールの理論を受け入れるようになったのです。もちろん、エディントンがアインシュタイン理論を裏づける観測を行ったのと同様、その理論が正しいことを証明するには、宇宙に存在するブラックホールを見つけなければいけません。なにしろ光を発しない天体ですから、それを見つけ出すのは非常に難しいことです。

しかしそれも、「X線天文学」の発展によって可能になりました。

光（可視光線）もX線も、電磁波の一種です。電磁波は、波長の長いほうから順番に「電波」「赤外線」「可視光線」「紫外線」「X線」「ガンマ線」などと分類されており、X線は人間の目には見えません。

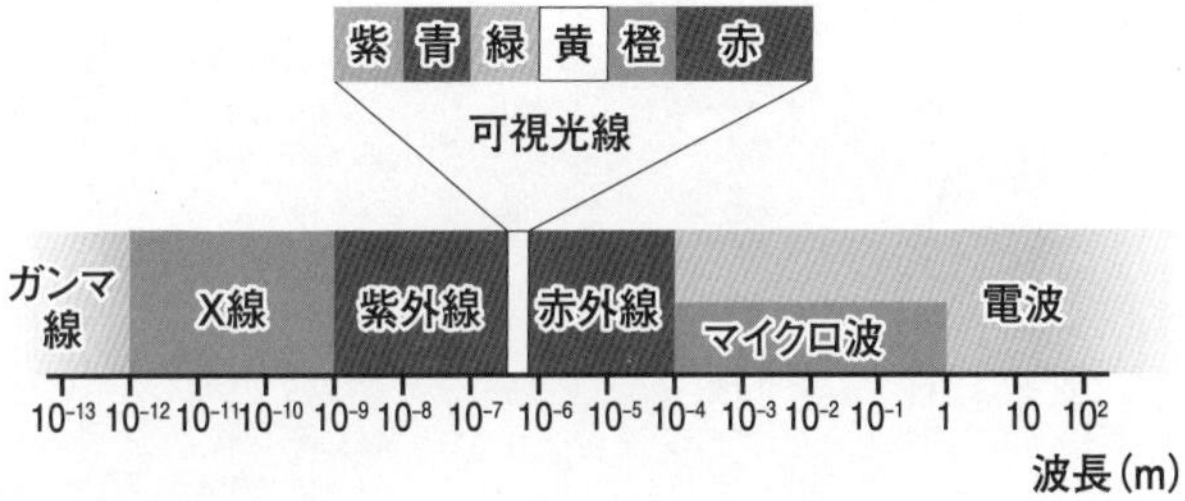
紫
青
緑
黄
橙
赤
可視光線
ガンマ線
X線
紫外線
赤外線
マイクロ波
電波
10-13 10-12 10-11 10-10 10-9 10-8 10-7 10-6 10-5 10-4 10-3 10-2 10-1 1 10 102
波長(m)

電磁波の種類

しかしレントゲン撮影に使われていることからもわかるとおり、特殊な装置を使えばX線で物体を見ることはできます。宇宙にはX線を出している天体もあるので、それを観測することができるわけです。

そのX線天文学によって最初に見つかったブラックホールは、「はくちょう座X－1」と呼ばれる天体でした。ただし電磁波はどれも光速で進みますから、当然、X線もブラックホールからは脱出できません。ある天体から飛び出したX線が見えたとしたら、それはブラックホールではないということです。

ですから、はくちょう座X－1から届くX線は、ブラックホール自体から出たものではありません。ブラックホールの周囲を取り巻くガスから出たものです。

ブラックホールは、その強い重力で、近くにある星からガスを吸い取っています。そのガスがブラックホールのまわりをぐるぐる回りながら、ブラックホールに落ち込んでいくことで熱くなり、X線を放射している。そのX線を観測すれば、中心にブラックホールが存在することの状況証拠になるのです。

また、そのX線を出している場所には、太陽の三〇倍ほどある巨大な星があることもわかりました。それほど大きな質量を持っているのに、この星は太陽よりも激しく動いています。これも、すぐそばに強い重力を持つ天体があることを示していました。宇宙には、二つでペアを組んでお互いのまわりをぐるぐる回る「連星」がたくさんありますが、この星もそれと同じように、ブラックホールとペアを組んでいるのです。

ちなみに、はくちょう座X－1のブラックホールは、直径が三〇キロメートル以下しかありません。東京と横浜の距離ぐらいですが、その小さな天体が、太陽のおよそ一〇倍もの質量を持つと考えられています。いかに密度が高いかがわかるでしょう。

理論的には、どんな天体でも、質量を保ったまま圧縮すればブラックホールになることができます。これは現実にはあり得ない机上の論理にすぎませんが、太陽や地球も例外ではありません。光が脱出できなくなる半径のことを、最初にブラックホールを予想した学者の名を取って「シュヴァルツシルト半径」といいますが、太陽のシュヴァルツシルト半径は三キロメートル。太陽と同じ質量の天体も、そこまで圧縮すればブラックホールになるわけです。

では、地球のシュヴァルツシルト半径がどれぐらいか見当がつくでしょうか？　答えは、わずか九ミリメートル。そこまで小さくなると「天体」と呼ぶのをためらってしまいますが、地球程度の質量では、指先でつまめるサイズまで圧縮しないとブラックホールにはならないのです。

それはともかく、はくちょう座X－1の発見以降、それと同じようなブラックホールはいくつも発見されました。その多くは、巨大な星が超新星爆発を起こしてつくられるものです。しかし、すべてのブラックホールがそうやって生まれるわけではありません。

超新星爆発でつくられるブラックホールの質量は、太陽の数十倍程度です。

それでも十分に重いと思われるでしょうが、実をいうと、私たちの銀河系の中心にあるブラックホールはそれとはまったくスケールが違います。質量は、太陽のおよそ四〇〇万倍。ほかの銀河には、太陽の一〇〇億倍を超える質量のブラックホールが存在するともいわれています。

この「超大質量ブラックホール」がどのようにして生まれるのかは、まだ明らかにされていません。銀河をめぐる大きな謎のひとつといっていいでしょう。

その謎が解ければ、銀河のみならず、宇宙そのものの成り立ちについて重要なヒントが得られる可能性もあります。ブラックホールを「ほかの星とは違う奇妙な天体」ぐらいにしか思っていなかった人もいるでしょうが、これは決してマイナーな天体ではありません。宇宙研究のメインテーマのひとつともいえるほど興味深い存在なのです。

足りない質量

さて、銀河の観測からは、そのほかにもうひとつ、宇宙の本質を解き明かす上で絶対に避けては通れない大きな問題があることがわかりました。たまにニュースにも出てくるようになったので、その言葉ぐらいは聞いたことのある人が多いでしょう。近年になってその存在が確実視されるようになった「暗黒物質」の問題です。英語をそのまま使って「ダークマター」ともいいます。

その問題が浮上したのは、銀河の質量が「足りない」とわかったことがきっかけでした。フリッツ・ツビッキーというスイスの天文学者が最初にそれを指摘したのは、一九三三年のことです。その意味では、問題自体はそれほど新しいものではありません。

銀河全体の質量は、いくつかの方法で調べることができます。ツビッキーが観測したのは、かみのけ座にある「銀河団」でした。銀河団とは、読んで字のごとく、いくつもの銀河が密集しているエリアのこと。その総質量を、彼はまず光の量から算出しました。物質が発する光の量はその質量によって変わるので、そういう計算ができるのです。

次にツビッキーは、その銀河団に属する銀河の動きから、総質量を算出しました。それぞれの銀河は重力の働きによって動いているので、その速度を計算すれば重力の強さがわかり、重力がわかれば質量もわかります。

同じ銀河団の質量を計算したのですから、本来なら、どちらの方法でも同じぐらいの数字が算出されるはずでしょう。観測の精度はいまほど高くなかった時代のことですから、多少の誤差は生じるとはいえ、何倍も違う答えが出るとは思えません。

ところが実際には、光の量で計算した質量と運動速度から計算した質量のあいだには、四〇〇倍もの差がありました。運動速度から算出した質量のほうが、はるかに多かったのです。これはいったい、どういうことでしょう。

運動速度から計算した結果が正しいとすれば、「目には見えない（つまり光を発していない）けれど質量のある物質」が大量にあるとしか考えられません。その重力が銀河を動かしているから、「目に見える物質」の質量だけ計算しても辻褄が合わないのです。

しかし、なにしろ目に見えない物質のことなので検証するのが難しく、この「足りない質量」の謎は、天文学の世界でもしばらく脇に置かれていました。それが再び注目され、本格的に議論されるようになったのは、ツビッキーの観測からおよそ四〇年後のことです。

その頃には、第三章で紹介したドップラー効果による観測のおかげで、遠くにある銀河の回転速度がわかるようになっていました。回転する銀河を観察したとき、こちらに近づいてくる星やガスは青く、遠ざかる星やガスは赤く見えるのです。

その方法で多くの銀河の回転速度を調べたのは、アメリカの天文学者ヴェラ・ルービンです。彼女は銀河の中にあるいくつもの星やガスを丹念に調べ、銀河の回転速度が中心から遠く離れても遅くならないことを発見しました。いったん「郊外」に出ると、どこまで中心から離れても、ほぼ同じ速度で回転しているのです。

これが奇妙な話であることは、ニュートンの法則を思い出せばわかるでしょう。太陽系の惑星がそうであるように、重力の影響は距離が離れるほど弱くなりますから、銀河

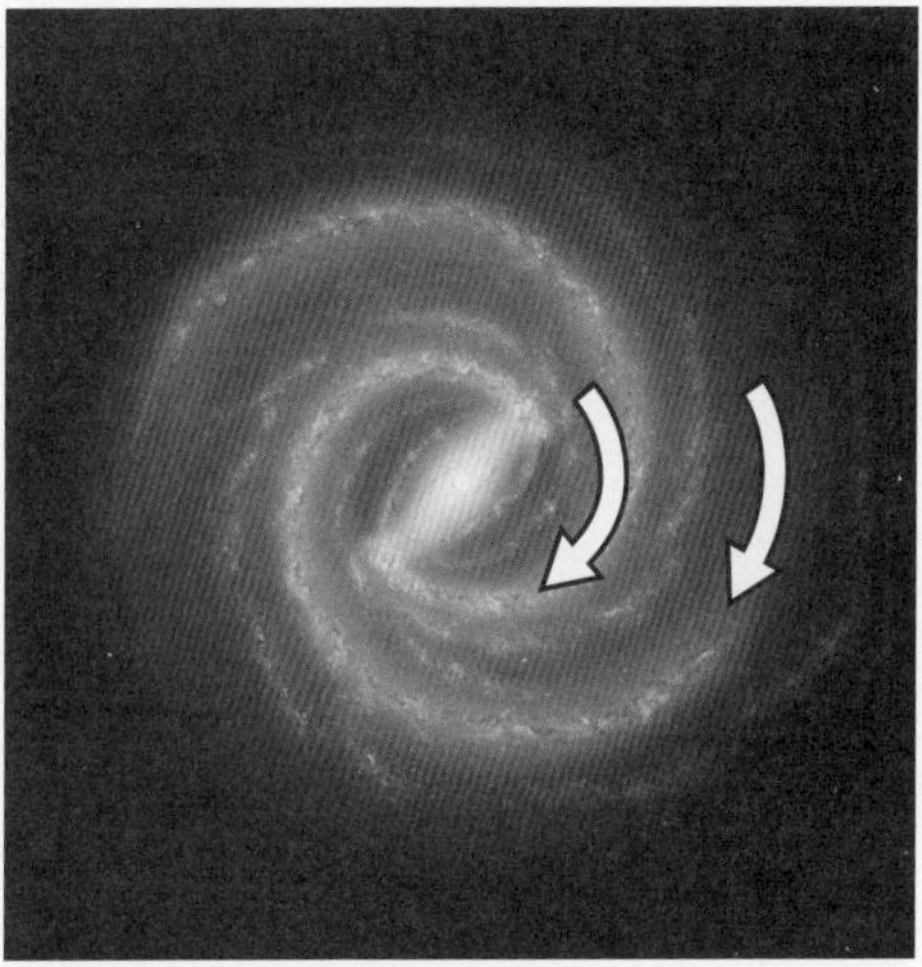

渦巻き型銀河の回転速度は内側と外側でほぼ同じ。これを惑星の場合と比べると(29ページ下図)、星からの重力だけでは説明できないことがわかる。

でも外側にある星ほどゆっくり動くはずです（二一九ページの下図を参照）。それが同じ速度で回転しているとなると、目に見える星や中心部のブラックホール以外にも、銀河の星を引っ張る重力源があると考えなければ説明がつきません。その重力源は、銀河の中心部から離れるほどたくさん存在することになります。

私たちの天の川銀河も、例外ではありません。太陽系は秒速約二二〇キロメートルものスピードで動いていますが、それでも宇宙の彼方へすっ飛んでしまわないのは、天の川銀河全体の重力でつなぎ止めてもらっているおかげです。しかし銀河系全体の星やガスの質量をすべて足しても、秒速約二二〇キロメートルの太陽系をつなぎ止めておけるほどの重力にはなりません。目に見えない物質による強い重力がなければ、私たちはとっくの昔に銀河系に別れを告げ、夜空からは天の川が消え去っていたはずなのです。

暗黒物質の存在を裏づける「重力レンズ効果」

ブラックホールの実在を予想したチャンドラセカールの理論と同様、銀河の回転運動に関するルービン女史の発見も、当初は「そんなことはあり得ない」といわれ、まともに相手にされませんでした。しかしその後、目に見えない暗黒物質の存在を裏づける証拠がいろいろと見つかっています。

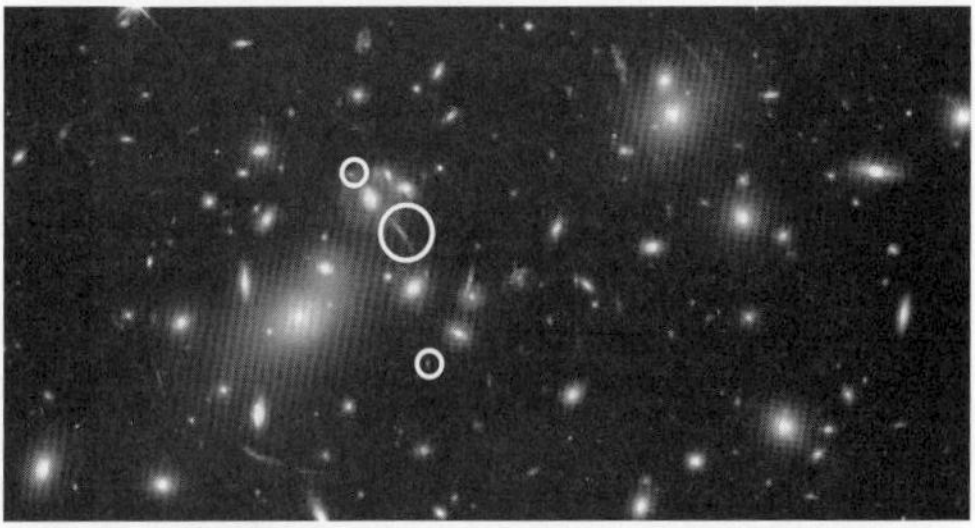

重力レンズ効果

およそ20億光年先にある「銀河団Abell2218」。暗黒物質の重力レンズ効果により、この銀河団の背後にある銀河が別々に見えている。
提供：NASA, ESA, Andrew Fruchter (STScI), and the ERO team(STScI + ST-ECF)

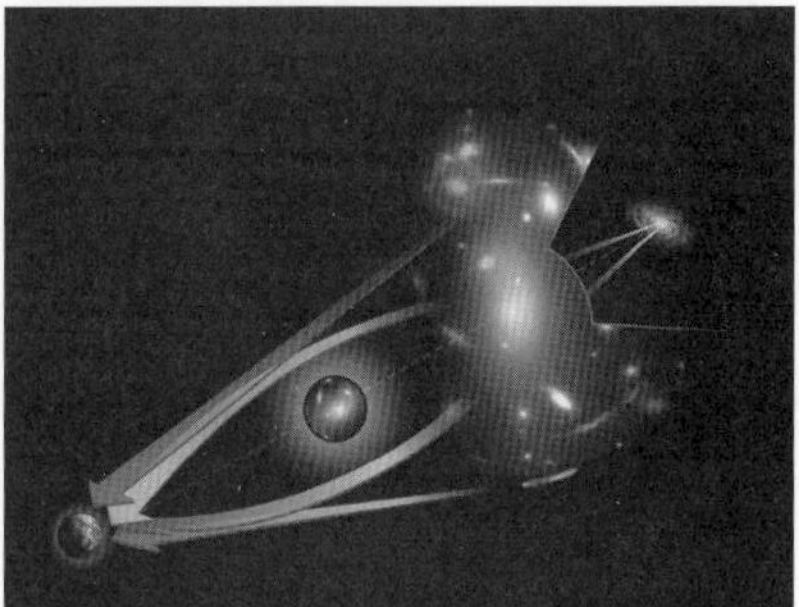

重力レンズ効果の概念図

恒星や銀河が発する光は、天体など大きな質量を持つ物体により曲げられる。そのとき複数の像が見えたり、弓状に変形した像が見えたりすることを重力レンズ効果という。
提供：STScI/ NASA

その中でも面白いのは、「重力レンズ」と呼ばれる現象でしょう。

先ほど紹介したエディントンの観測でわかったとおり、光は重力によって曲がります。ですから当然、大量の暗黒物質が存在する空間では、周辺の星の光が曲がっているでしょう。実際、その現象は宇宙のあちこちで発見されました。そこに巨大な天体は見えないのに、その背後にある星や銀河の光が強い重力に曲げられて地球に届くのです。

たとえば前ページの上の写真はりゅう座の方向で二〇億光年先にある銀河団を撮影したものですが、印をつけた三つの光は、別々の天体ではありません。本当は写真の中央あたりに位置している銀河の光が、その手前にある暗黒物質の重力で曲げられて、三回も別々に見えています。

どうしてそれが同じ銀河の光だとわかるのか、疑問に思った人もいるでしょう。月や火星や木星ぐらい近ければ、望遠鏡で見れば区別がつきますが、何万光年も離れた星の光はどれも同じようにしか見えません。

しかし光の成分は、それを発している銀河が含む元素の割合などによって異なります。まったく同じ光を発している銀河は二つと存在しません。これは、いわば銀河の「指紋」のようなもの。ですから光の波長を精密に分析すれば、離れた場所にあっても、それが同じ銀河のものだと特定することができるのです。

この重力レンズ効果を観測することで、いまは暗黒物質がどこにどれぐらい存在するかを示す分布図も作成できるようになりました。また、その量についても驚くべきことが判明しています。宇宙全体の暗黒物質を合わせると、これまで私たちが知っていた物質の六倍前後にもなることがわかったのです。

すでに述べたように、ガリレオやニュートンの発見によって、天上は特別な世界ではないことがわかりました。したがって、天体をつくっている物質も、地球の物質と同じです。そして、その物質はすべて原子でできていると思われていました。学校で理科の時間に「万物は原子でできている」と習った記憶のある人も多いでしょう。

しかし暗黒物質は、原子とは異なる物質だと考えられています。光を出さず、ほかの物質とも反応しません。たとえば巨大な銀河団と衝突しても、暗黒物質の固まりは幽霊のようにスーッと通り抜けてしまうのです。これまでこの世の物質は一〇〇パーセント原子でできていると思われてきたのに、実際は二〇パーセントにも満たないことがわかったのですから、実に大変な発見だといえるでしょう。私たちは、自分の体やこの地球をつくっている物質が宇宙の主役だと思っていましたが、実は少数派の脇役にすぎなかったのです。

しかし、何らかの重力源が大量に存在することは明らかになったものの、暗黒物質の正体はまだわかっていません。一時は、光をほとんど出さない天体がたくさんあるのではないかという説もありました。そうした天体もいくつか発見されはしましたが、それだけでは重力がまったく足りないことがわかっています。

そのため現在では、大量の素粒子が銀河全体を包み込むように存在しているのだろうという考え方が主流になりました。素粒子については後ほど第六章で詳しくお話ししますが、その小さな暗黒物質は地球上にも大量に降り注いでいると考えられており、それを検出するための観測装置も世界各地につくられています。日本でも、スーパーカミオカンデと同じ岐阜県の神岡鉱山地下に「XMASS（エックスマス）」という暗黒物質検出装置がつくられました。さらに、かつてライバルだったヨーロッパのグループと団結して、今では、より大きな装置で実験を進めています。こうした努力によって、暗黒物質の正体が明らかになる日も近いでしょう。

暗黒物質は私たちの「母」

そして、暗黒物質の正体がわかれば、宇宙の成り立ちに関する研究も大きく前進するに違いありません。というのも、最近の研究では、宇宙の構造をつくる上で暗黒物質が大きな役割を果たしたと考えられているからです。

星や銀河は、宇宙が生まれたときから存在したわけではありません。天体の材料である原子は、バラバラ、のっぺらぼうの状態で宇宙空間に広がっていました。

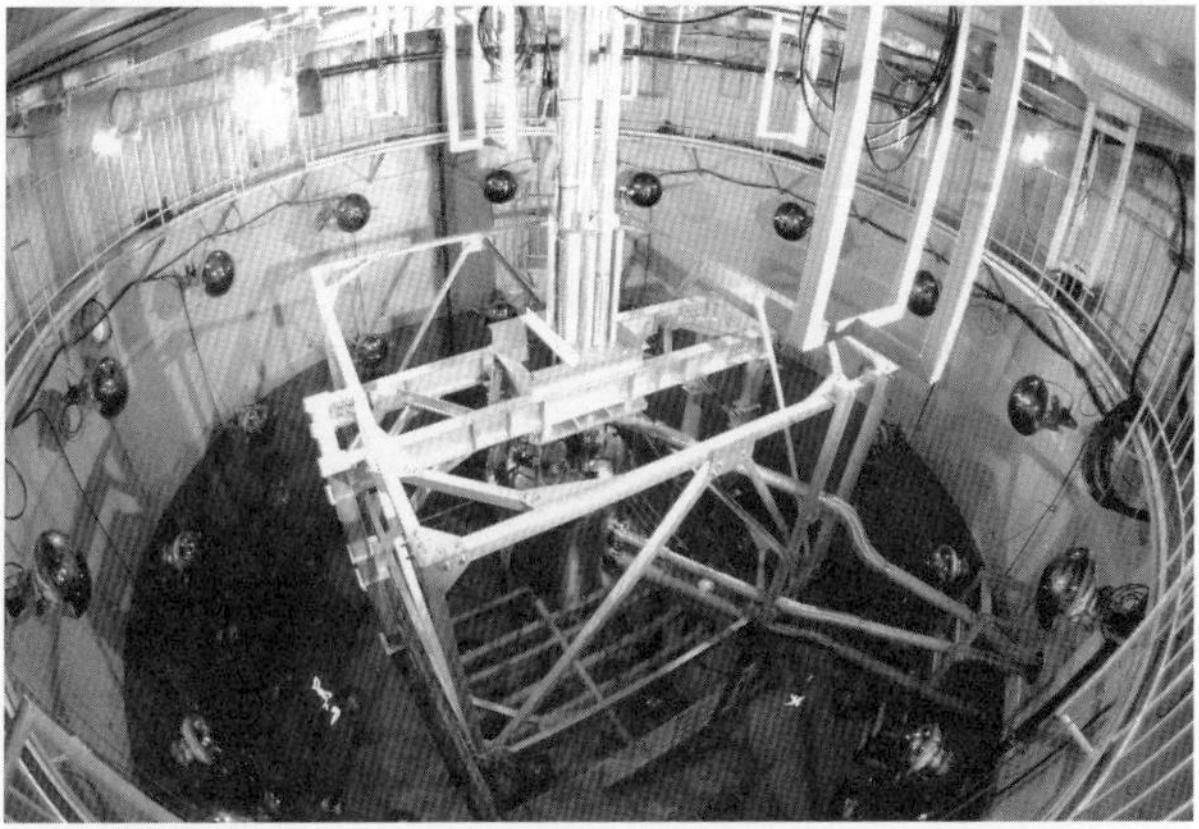

XMASS検出器と水槽。XMASS実験は、銀河系の中を飛び交う暗黒物質を直接探索することを目的としている。
写真提供：東京大学宇宙線研究所 神岡宇宙素粒子研究施設

それを集めて星に仕立て上げたのが、暗黒物質の重力です。初期の宇宙の中には暗黒物質の密度がごくわずかに濃い場所と薄い場所があり、濃い場所ほど重力が強い。そこにたくさんの原子が引き寄せられて星になったと考えられています。

ですから、もし暗黒物質が存在しなければ、宇宙はバラバラな粒子が均一に広がっているだけの殺風景な空間だったのです。大きな銀河団の中にいくつもの銀河があり、その銀河の中に太陽系のような小グループがあり、太陽系の中に地球をはじめとする惑星があり……という宇宙の構造ができたのは、暗黒物質のおかげでしょう。もちろん私たち人類も、そんな宇宙構造の（ごくごくちっぽけな）一部です。

その意味で、暗黒物質は私たちの「母」と呼ぶこともできます。それがなければ生命体は生まれることがなく、こうして宇宙の成り立ちについて考えたり説明したりする知能も存在しなかったでしょう。

まだ正体不明の暗黒物質が、宇宙がうまくできている「鍵」のひとつ。そう考えるとなおさら、暗黒物質の正体を知らずにはいられません。

いずれにせよ、ここまでの話で、重力が宇宙の成り立ちを考える上で大きな手がかりになっていることがおわかりになったでしょう。

重力の研究は、古代ギリシャの時代に「なぜ物が落ちるのか」という身近な疑問から始まりました。それがガリレオやニュートンを経て太陽系とつながり、さらには宇宙全体の構造にまでつながったわけです。「無重力状態」と聞くと、宇宙飛行士が宇宙船の中でフワフワ浮かんでいる様子を連想する人が多いでしょうが、もし重力がなかったら、話はそんな無邪気なことでは済みません。私たち自身が、生まれていなかったのです。

しかし人類は、自分たちを生んでくれた重力に感謝してばかりもいられません。その重力によって、人類の未来に危機が訪れることも考えておくべきでしょう。

というのも、私たちの銀河系の隣には、アンドロメダ銀河があります。かつては「アンドロメダ星雲」と呼ばれ、天の川銀河の一部だと思われていましたが、一九二四年に、アメリカの天文学者エドウィン・ハッブルによって、それが別の銀河であることがわかりました（ハッブルは次の章でも重要人物として登場しますから、名前を覚えておきましょう）。ここで初めて、この宇宙が実は天の川銀河の外にまで広がっていることがわかったのです。

天の川銀河とアンドロメダ銀河は、いまのところ約二五〇万光年も離れていますが、宇宙全体のスケールから見れば、「スープの冷めない距離」にあるご近所さんといっていいでしょう。そしてこの二つの銀河は、お互いの重力によって引きつけ合っています。放っておけば（現状では放っておくしかありませんが）、いずれ大衝突を起こすことは間違いありません。アンドロメダ銀河の大きさは天の川銀河の二倍ほどありますから、それはおそらく私たちが向こうに飲み込まれるような形になるでしょう。いわば「吸収合併」されるわけです。

もちろん夜空からは天の川が消え、「海」どころか「星の洪水」のようになるかもしれません。銀河同士の衝突といっても、暗黒物質の海の中に星とガスがちらちらとあるだけですから、ほとんどスカスカです。しかし銀河が合併するとガスが混ざり合って、新しい星がたくさん生まれ、星空が綺麗《きれい》な青白い星で明るくなるといわれています。でも、もちろんたまたま打ちどころが悪かったら、太陽系の秩序もめちゃくちゃになりますから、地球上の生命などひとたまりもないでしょう。

とはいってもそれは遠い未来の話ですから、いまから脱出の準備をする必要はありません。アンドロメダ銀河とぶつかるまで、まだ五〇億年ほど時間があります。ちょうど、太陽が地球の軌道まで膨張するのと同じくらいのタイミングですね。地球が太陽に飲み込まれるのが先か、天の川銀河がアンドロメダ銀河に飲み込まれるのが先か――そこまではまだ誰にもわかりません。どちらにしろ、いずれ引っ越し準備が必要になるのはたしかなようです。

第五章

膨張する宇宙

宇宙はなぜ潰れないのか

前章では、天の川銀河とアンドロメダ銀河が、いずれ衝突してしまうという話をしました。五〇億年後のこととはいえ安心してはいられませんが、重力が宇宙の将来にもっと深刻な影響を与えるのではないかと心配した人もいます。ほかでもありません。その重力の仕組みを解き明かしたアインシュタイン自身です。

一般相対性理論をつくり上げたアインシュタインは、自分の方程式を解くと、宇宙にたくさんある星やガスなど物質の重力によって空間が次第に曲がっていき、いずれは宇宙そのものが潰れてしまうことに気づきました。でも、これは彼自身の常識とは相容《あいい》れません。宇宙には始まりも終わりもなく、それは永遠に変わらない。だから収縮も膨張もしないのだ——それがアインシュタインの信念だったからです。

「時間や空間は不変ではない」とか「質量はエネルギーに変換できる」などと従来の常識を次々と打ち破ったアインシュタインですが、宇宙が「定常的」であるという自らの常識はどうしても覆す気になりませんでした。そこでこの天才学者が思いついたのが、「宇宙定数」です。

重力で宇宙が潰れないためには、それを押し返す「斥力《せきりょく》」があればいい。アインシ

$$R_{\mu\nu} - \frac{1}{2} g_{\mu\nu} R + \Lambda g_{\mu\nu} = \frac{8\pi G}{c^4} T_{\mu\nu}$$

時空のゆがみ具合　　宇宙定数（押し返す力）　　物質が持つエネルギー

アインシュタイン方程式

アインシュタイン方程式の計算結果は、星や銀河などの物質の重力により、宇宙は収縮して終わりを迎えることを示している。そこでアインシュタインは、重力を押し返す力（斥力）を持たせるため「宇宙定数」を書き足した。

ユタインはそう考えました。斥力とは、引力とは逆の反発力のこと。たとえば磁石のS極同士、N極同士が反発する力を思い浮かべればいいでしょう。

アインシュタインはそれが重力とバランスしているのだと決めつけて、その力に見合う定数を自分の方程式に書き加えました。もちろん、そんな力は観測されていませんし、理論的な根拠もありません。根拠があるとすれば、「現に宇宙は潰れていないじゃないか」という事実だけです。宇宙が永遠不変であるためには宇宙定数が必要だというのですから、かなり強引な話だといわざるを得ません。

その一方で、宇宙定数を加えなくても、重力で宇宙が潰れることはないと主張する学者もいました。そのひとりが、ロシアの物理学者アレクサンドル・フリードマンです。アインシュタインの考えとは違いますが、彼は一般相対性理論を否定したわけではありません。フリードマンは、宇宙定数を加える前のアインシュタイン方程式を解いて、まったく別の答えを導き出したのです。その答えとは、宇宙は潰れるどころか「膨張している」というものでした。

アインシュタインとフリードマンが別々の答えにたどり着いたのは、方程式に当てはめる条件が違ったからです。きちんと説明すると非常に難しい話になるので、ここでは宇宙の収縮は「ボールが落ちる」のと同じようなことだと思ってください。アインシュタインの場合は、定常的な「止まった宇宙」を前提にしているので、ボールが空中に静止した状態から重力の影響を計算します。当然、ボールが落下運動を始めて、やがて地面に突き当たるでしょう。これが「宇宙が収縮して潰れた」ということです。

それに対してフリードマンは、最初にボールが空中に投げ上げられたことを前提に計算しました。アインシュタインにとっては宇宙に最初などないので、この時点で見解がまったく違います。しかも「投げ上げられた」となると、宇宙が重力に逆らって「膨張」を始めたことになるのですから、アインシュタインに受け入れられるわけはありません。

ともあれ、フリードマンのように考えると、宇宙の未来にはいくつかの可能性が出てきます。ここで、第三章でお話しした「地球からの脱出速度」のことを思い出してみましょう。地上から投げ上げたボールは、脱出速度以下なら地面に戻ってきます。しかし脱出速度に達していれば、人工衛星になって地球の周回軌道を回ったり、そこからも逃れて遠くまで飛び去ったりします。フリードマンが考えた宇宙も、投げ上げた速度が小さければ収縮しますが、物質の重力を振り切れる速度があれば、そうはなりません。重力と釣り合えば、人工衛星が地表に落下しないのと同じように、速度を落としながら膨張を続けるでしょう。それ以上の速度なら、ずっと同じ速度で膨張を続けるのです。

さらに、このフリードマンの計算から五年後の一九二七年には、ベルギーの物理学者ジョルジュ・ルメートルがアインシュタイン方程式からもうひとつ別の答えを導き出しました。フリードマンは「減速膨張」と「等速膨張」の二パターンを考えましたが、ルメートルは「加速膨張」もあり得るというのです。というのも、宇宙が膨張すると、空間が広がった分だけ、宇宙にある物質の密度が薄まりますよね？　そのために重力の影響が弱まり、膨張速度が上がる可能性もあるというのが、ルメートルの見解でした。

遠ざかる銀河

もちろん、フリードマンにしろルメートルにしろ、方程式に当てはめた条件に根拠がない点では、アインシュタインの宇宙定数とあまり変わりません。違ったのは、宇宙を永遠不変の空間だと考えるかどうかという点です。永遠不変の宇宙像を信じて疑わないアインシュタインは、フリードマンやルメートルの考え方を激しく批判しました。

しかし、ルメートルが宇宙膨張の可能性を指摘してから二年後の一九二九年に、アインシュタインは自らの間違いを認めざるを得なくなります。根拠のない計算からではなく、天体観測の結果から、宇宙が膨張していることがわかったからです。

その動かぬ証拠を発見したのが、前章にも登場したハッブルでした。彼が、アンドロメダが「星雲」ではなく「銀河」であることを発見したのは、一九二四年のこと。宇宙が天の川銀河の外にも広がっていることを突き止めてからわずか五年後に、こんどはその宇宙が膨張しているという大発見を成し遂げたわけです。人類の宇宙観が大きく揺さぶられ、激変した時期だったといえるでしょう。

では、ハッブルはどうやって宇宙膨張の証拠を発見したのでしょう。

ここで出てくるのは、またしても「ドップラー効果」です。遠ざかる光は波長が長く引き伸ばされるので赤く見え、近づく光は波長が圧縮されるので青く見える。より詳しくいうと、光の色は波長の短い順に、紫、青、緑、黄、オレンジ、赤といった具合に変化します。ですから、青っぽい光が緑っぽくなったり、黄色い光がオレンジがかったりした場合も、その光が観測者から遠ざかっていると考えられるわけです（より赤に近いほうに変化することを天文学では「赤方偏移《せきほうへんい》」といいます）。

ハッブルは、遠くの銀河の光がどれも赤方偏移を起こしていることを発見しました。これは、銀河が地球から遠ざかっていることを意味します。でも、それだけでは宇宙が膨張しているとはいえません。単に、地球から離れる方向に銀河が動いているというだけのことです。

しかしハッブルは、銀河が遠ざかる速度が距離に比例することを発見しました。つまり、遠くの星ほど速いスピードで遠ざかるということです。地球が宇宙で特別の場所にあるのでなければ、どの二つの銀河を観測しても、それも互いの距離と比例する速度で遠ざかっているはずです。これは、銀河が地球から遠ざかっているのではなく、宇宙全体が膨らむことによって、互いに遠ざかっているのだとしか考えられません。

なぜそう考えられるのかは、風船の表面を宇宙に見立てるとイメージしやすいでしょう。勘違いされやすいのであらかじめいっておきますが、この場合、風船の内側のことは考えません。三次元の宇宙空間を二次元に簡略化したモデルですから、あくまでも表面だけが宇宙です。

その風船の表面に、星を表す点をたくさん描いた状態を考えてみましょう。もし手元に風船があれば、実際にやってみることをおすすめします。風船を膨らますにつれて、描き込んだ点と点の距離は離れていきますよね？　そこに「中心」となる点はありません。どの点から見ても、同じようにそれぞれの点が遠ざかっていきます。

また、たとえば五センチメートルの間隔でA、B、Cの三つの点を打ったとしましょう。AとBは五センチメートル、AとCは一〇センチメートル離れています。この風船が二倍に膨らんだとき、AとBの距離は一〇センチメートル、AとCの距離は二〇センチメートル。Aから見ると、同じ時間で、Bは五センチメートル、Cは一〇センチメートル遠ざかったことになります。さらにBが一〇センチメートル遠ざかってAから二〇センチメートルの位置に動けば、Cは二〇センチメートル遠ざかってAから四〇センチメートルの位置まで動くでしょう。つまり、（風船が割れずに膨らみ続けてくれるなら）それぞれの点は距離に比例する速度（距離が二倍なら速度も二倍）で遠ざかるわけです。

ハッブルはこれと同じことが宇宙で起きていることを突き止め、それを後に「ハッブ

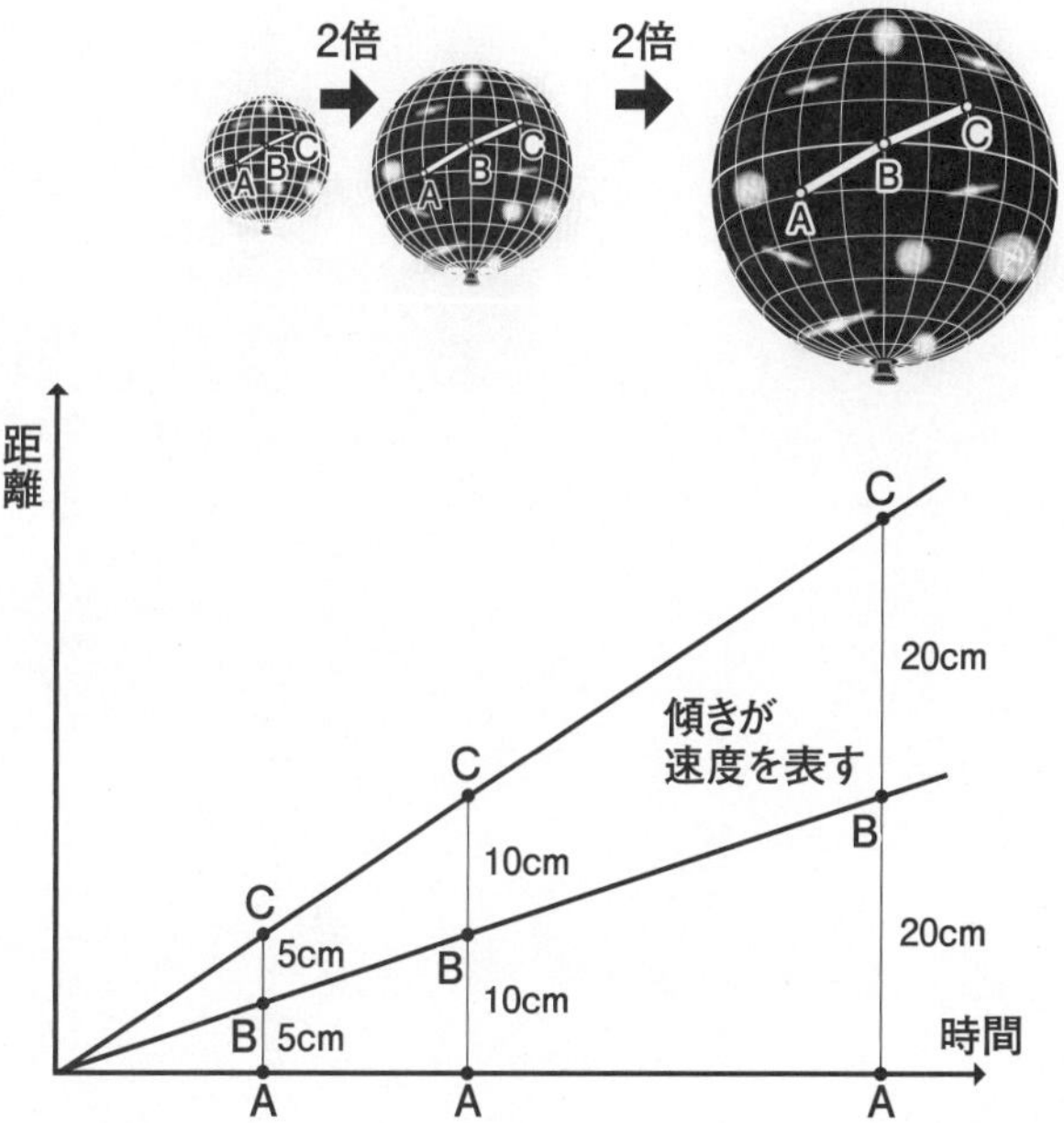

風船の表面上のA、B、C、それぞれの点は、距離に比例した速度で遠ざかる。

ルの法則」と名づけられた定式にまとめました。その式に使われる比例定数は「ハッブル定数」と呼ばれ、それが宇宙の膨張速度を決めています。

この発見によって、宇宙は膨張していることがわかりました。辻褄合わせの宇宙定数を無理に使わなくても、宇宙が重力で潰れることはありません。

ハッブルの観測事実を受け入れたアインシュタインは、後に「宇宙定数の導入は生涯で最大のあやまちだった」と認めています。あれほどの業績を残した偉大な物理学者でもこんな失敗をすることがあるのですから、従来の常識や固定観念にとらわれずに物事を考えるのは実に難しいことだといえるでしょう。

ビッグバン理論

さて、宇宙が膨張しているとなると、これは大問題です。どんどん膨らんでいくのですから、当然「これから先はどうなるのか」という未来のことも気になります。ですが、その前にまずは過去のことを考えなければいけません。

宇宙がいま膨張しているのであれば、ビデオを逆回転させるように過去を遡れば、宇宙はどんどん収縮していき、あるときに一点に潰れてしまいます。つまり、宇宙には「始まり」があったはずなのです。これが風船なら、空気を完全に抜いたぺしゃんこの状態まで遡ればおしまいですが、宇宙は空気で膨らんでいるわけではありません。その膨張がいったいどんな状態から始まったのかが、科学者の前に大きな問題として立ちはだかったわけです。

そこで登場したのが、いわゆる「ビッグバン理論」にほかなりません。ハッブルの発見から一七年後の一九四六年、ロシア生まれのアメリカの物理学者ジョージ・ガモフが、「宇宙の始まりは超高温・超高密度の火の玉だった」という説を提案しました。ものすごく小さくて熱い火の玉が誕生して、それが爆発するように膨らむことで、現在の大きさになったというのです。

これは、ガモフが宇宙に存在する元素の起源を考えることで生まれたアイデアでした。前述したとおり、物質をつくる元素は星の核融合反応によって生まれますが、それだけでは足りません。星が誕生する前に、何らかの原因で大量の原子がつくり出されたと考えなければ、いまの宇宙に大量の元素が存在することが説明できないのです。ガモフは、最初に生まれた火の玉が起こす核融合反応によって、それがつくられたと考えました。

それにしても、なぜ最初は「火の玉」だったといえるのでしょう。膨張する宇宙の過去をたどれば、それが小さかったことは誰でもわかります。でも、それが超高温になることについては、ピンとこない人が多いかもしれません。

実は、このことは身近なところでも観察できます。たとえば、理科の実験で空気の入った注射器のピストンを押し込んだときに、注射器そのものが熱くなるのを感じたことはありませんか？

注射器が身近にある人は少ないので、これでもピンとこないかもしれませんが、では自転車の空気入れはどうでしょう。タイヤに空気を入れるとき、ちゃんと入ったかどうかをたしかめるために、タイヤに触ってみることがあると思います。こんどそれをやるときは、入れる前と入れた後の温度の違いをたしかめてみてください。空気を入れた直後は、タイヤが少し温かく感じられます。

注射器や自転車のタイヤが温まるのは、ピストンで圧縮された空気の温度が上がるからです。これは空気にかぎった現象ではありません。あらゆる物質は、圧縮されると運動が活発になって温度が上がります。圧縮の度合いが大きいほど温度の上がり方も大きくなりますから、広大な宇宙空間を極小サイズまで圧縮すれば、凄まじい高温状態になるでしょう。だからガモフは、宇宙の初期が超高温の「火の玉」だったと考えたのです。

しかし、このガモフの考え方を誰もが受け入れたわけではありません。宇宙が膨張しているからといって、昔は小さかったとはかぎらないと考える学者もいました。その筆頭が、イギリスの天文学者フレッド・ホイルです。星の内部で元素が合成されるプロセスの研究などで大きな業績を残した人物ですが、彼はガモフの理論を批判し、自ら「定常宇宙論」を唱えました。

この定常宇宙論は、アインシュタインがハッブルの発見以前まで考えていた「永遠不変の定常的な宇宙」とは少し違います。アインシュタインは膨張も収縮もしないと考えましたが、ホイルの場合、宇宙の膨張自体は認めました。しかし膨張すると同時に宇宙空間で新しい物質が生まれるので、全体の密度は変わらないというのが彼の主張です。したがって過去も未来も宇宙の状態はいまと同じ（定常）で、そこには始まりも終わりもなく、当然「火の玉」にもなりません。

この定常宇宙論によほど自信を持っていたのか、ホイルはあるときラジオ番組でガモフの理論をあざ笑うような調子で、こんな発言をしたそうです。

「あいつら（ガモフたち）は、宇宙が大爆発（ビッグバン）で始まったといっている」

実は、これが「ビッグバン」という言葉の始まりでした。一説によると、この「ビッグバン」には「大ボラ」というニュアンスも含まれていたようです。しかし、ホイルにからかわれたガモフのほうがそれを気に入って、自分の説を「ビッグバン理論」と称するようになりました。それが名前として定着したといわれています。

ビッグバンの残り火

ともあれ、この論争に決着をつけるには、理論を裏づける証拠を見つけなければいけません。そこでガモフは、かつて宇宙が「火の玉」だった証拠が現在の宇宙にも残っているはずだと予想しました。その証拠とは、「火の玉を直接見る」ことです。

物質は、その温度に応じた電磁波を発することが知られています。第四章でもお話ししましたが、電磁波とは、波長の長さによって電波、赤外線、可視光線、紫外線、X線……などと分類される波のこと。可視光線も電磁波の一種なので、温度によって波長が変わります。だから、温度の低い星は赤く、高温の星は青白く見えます。温度によって色が違うのは、ろうそくの火を見てもわかるでしょう。芯に近く温度の高いところほど火は青白く、温度の低い端のほうは赤くなっています。それは、宇宙でも同じことです。そして、もっと温度が低ければ赤外線や電波、高ければ紫外線やX線など、可視光線以外の電磁波を発することもあるわけです。

ガモフの理論によれば、初期の宇宙は超高温・超高密度状態ですから、波長の比較的短い電磁波（可視光線や紫外線）を大量に出したでしょう。その電磁波が、現在の宇宙にも残っているとガモフは考えました。もちろん、ビッグバン以降は宇宙そのものがどんどん膨張して温度が下がっているので、電磁波の波長もどんどん引き伸ばされます。ガモフは、その波長が「マイクロ波」と呼ばれる状態まで長くなっていると予想しました。電波の中では波長が短く、レーダーや携帯電話、電子レンジなどにも利用されている電磁波です。

では、この「ビッグバンの残り火」のような電波が、現在の宇宙のどこに残っているのか。ガモフの理論によれば、答えは「宇宙全体」です。

というのも、最初の「火の玉」はそれ自体が「宇宙全体」であり、そこは波長の短い電磁波で満たされていました。それが膨張して現在の大きさまで引き伸ばされたのですから、電磁波も宇宙全体に広がっているはずでしょう。

ですから、このマイクロ波は宇宙のあらゆる方向から飛んでくるに違いありません。あたかも全天の背景から飛んでくるような存在なので、ガモフの予想した電磁波は「宇宙マイクロ波背景放射（もしくは単に宇宙背景放射）」と呼ばれるようになりました。これが観測されれば、ビッグバン論争はガモフの勝ちです。

その勝利を告げる発見は、偶然によってもたらされました。一九六四年、最初に宇宙背景放射をキャッチしたのは、天文学者ではありません。アーノ・ペンジアスとロバート・W・ウィルソンという、アメリカのベル電話研究所（現在のベル研究所）で働いていた研究員です。彼らは、宇宙の謎を探ろうとしていたわけでもありません。それどころか、宇宙マイクロ波背景放射なる電磁波が宇宙論の大きな鍵を握っていることさえ知りませんでした。

彼らが研究していたのは、「いかにアンテナの雑音を減らすか」という問題です。もちろんベル電話研究所にとっては深刻な問題だったわけですが、あまりにも宇宙とかけ離れているので、思わず苦笑してしまうほどです。

ペンジアスとウィルソンの二人はその研究中に、正体不明の雑音をキャッチしました。最初はニューヨークあたりから電波が飛んできたと思ったようですが（彼らはニューヨーク州の隣のニュージャージー州で仕事をしていました）、よく調べてみると、その雑音はあらゆる方向から飛んでくるようにみえます。そこで考えられる可能性のひとつは、外から雑音が入るのではなく「アンテナの内部で異常が起きている」というものでした。そこで二人がアンテナの中を見ると、そこにハトが巣をつくり、糞《ふん》がたくさん落ちていたそうです。

「これが原因だ！」と思った二人は、一生懸命にアンテナの中を掃除しました。たいへん真面目な仕事ぶりです。ところがハトの巣や糞をきれいにしても、雑音はなくなりません。こうなると、残る可能性は「宇宙全体から電波が届いている」ということだけ。そこでデータを専門家に見せたところ、それがガモフの予想した宇宙マイクロ波背景放射に違いないとわかったのです。

実際には、この発見の後もしばらく、それが「ビッグバンの証拠」かどうかをめぐる議論が続きました。定常宇宙論を唱える人々も、そう簡単には引き下がりません。彼らは、それが遠い銀河から発せられた光が姿を変えて散乱したものだと主張しました。距離が遠いので波長が引き伸ばされ、何らかの理由で散乱したのでさまざまな方向から届くように見えるのだ、というわけです。

しかしその後の観測では、その考え方では説明のつかない事実が次々と見つかりました。そのため一九七〇年代に入ると、このマイクロ波を「ビッグバンの残り火」とする考え方が主流になります。

そして一九七八年、ペンジアスとウィルソンは宇宙マイクロ波背景放射の発見者としてノーベル物理学賞を受賞しました。本人たちも、ハトの巣を掃除していたときは、まさか自分がノーベル賞をもらうことになるとは夢にも思わなかったでしょう。一方、その存在を理論的に予想したガモフはその一〇年前に亡くなっていたので、生きていれば同時に与えられたはずのノーベル賞を逃しています。

宇宙に果てはあるのか

こうして、宇宙は「永遠不変」でも「定常的」でもなく、かつては小さな火の玉だったことが確実になりました。その状態から現在にいたるまで、膨張し続けているのです。

そこで誰もが気になるのが、「宇宙に果てはあるのか」という問題でしょう。宇宙が膨らんでいると聞けば、その外側があるように思うのは自然な成り行きです。アインシュタインが考えていたような永遠不変の宇宙なら、「無限に広いから果てはない」と考えることもできますが、膨張しているとなると、有限の空間が大きくなっているような気がしてしまいます。

これは、はっきりいって、よくわかりません。しかし少なくとも、膨張するためには必ずしも「果て」がなくてもいい、とはいえます。

ここで再び、風船のことを考えてみてください。風船の内側が宇宙だとすると外側があることになってしまいますが、先ほどもいったように、膨張しているのは風船の表面です。風船が膨らむと表面積は広がっていきますが、そこには「果て」も「外側」もありませんよね？　閉じた世界が膨張していくだけです。

この宇宙では（地球上をまっすぐに進んでいくと、やがてぐるりと回って元の位置に戻るのと同じように）どこまで進んでも行き止まりはありません。もちろん、外に出てしまうこともない。現実の宇宙も、そういう構造になっている可能性はあります。だから、たとえ「果て」がなくても膨張することはできるわけです。

そういう意味では、膨張する宇宙も無限なのだと考えてもいいでしょう。果てのない無限の空間がさらに膨張しても、とくに不思議なことはありません。風船の表面のように、果てのない空間でも、二点間の距離が広がっていけば、それが膨張しているということです。

たとえば、狭い部屋の壁を壊して大きな部屋につくり替える作業は、「膨張工事」とはいいません。それは「拡張」です。でも、おそらく宇宙はそんなふうに広がっているわけではないでしょう。小さな火の玉だったときも、膨張して大きくなった現在と同じように、きっとそれが宇宙のすべてだったのです。

さて、その火の玉の名残である宇宙マイクロ波背景放射の観測に関しては、二〇〇六年にもノーベル物理学賞が与えられました。受賞したのは、NASAの天体物理学者ジョン・C・マザーとカリフォルニア大学バークレー校のジョージ・スムートです。

彼らは「COBE（コービー）」（Cosmic Background Explorer ＝宇宙背景放射探査機）という人工衛星を使って、一九八九年から一九九三年にかけてマイクロ波を精密に測定しました。すでに存在が明らかになっている宇宙背景放射をさらに詳しく調べたのは、そのわずかな「ゆらぎ」を測定するのがいちばんの目的です。

というのも、宇宙マイクロ波背景放射の存在を予想したガモフは、それが完全に均一なものだとは考えていませんでした。ビッグバンの残り火だとすると、そこには若干の「むら」があることが理論的に予測されます。全天からマイクロ波が同じ強さで降り注ぐのではなく、ほんの少しだけ電波の弱い部分があちこちにある。一見すると「ベタなぎ」に見える海の水面が、よく見るとかすかに波打っている（揺らいでいる）ような状態をイメージすればいいでしょう。

しかし、それは最大でも一〇万分の一という微妙なゆらぎなので、技術の進歩によって観測機の精度が上がらなければ見つけられません。海の水面でいうと、一〇〇メートルの深さに一ミリメートルのさざ波、というほどのわずかなゆらぎです。それが二〇世紀の終わりに近づいて、観測可能になったわけです。

ＣＯＢＥは、そのゆらぎをはっきりと観測することに成功しました。これによって、宇宙の初期にビッグバンが起きたことがより確実に証明されたので、マザーとスムートの二人にノーベル物理学賞が与えられたのです。

その後、観測技術はさらに進歩しました。ＣＯＢＥが役目を終えた五年後の二〇〇一年にＮＡＳＡが打ち上げたＷＭＡＰ（Wilkinson Microwave Anisotropy Probe＝ウィルキンソン・マイクロ波異方性探査機）や二〇〇九年にＥＳＡ（欧州宇宙機関）が打ち上げたプランク衛星は、宇宙背景放射の温度を全天にわたって観測し、ＣＯＢＥ以上に「ゆらぎ」を精密に測定しています。ＣＯＢＥとプランクの画像を比較すれば、いかに観測精度が上がったかがわかるでしょう（次ページの写真参照）。

プランクはこれ以外にも、宇宙年齢が一三八億年であり、現在の宇宙が少なくとも直径二七四億光年以上の広がりを持っていることなど、宇宙の膨張に関わる重要な事実を明らかにしました（もうひとつ、宇宙膨張を語る上で欠かせない驚くべき観測結果があるのですが、それは第七章で紹介することにしましょう）。

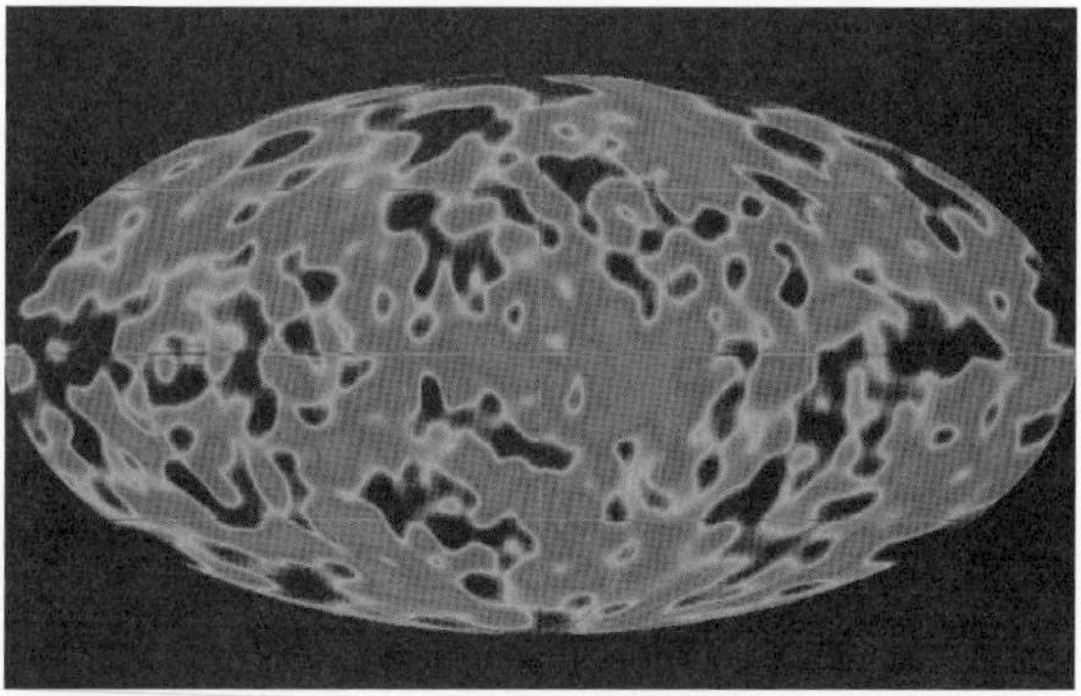

COBE

1989年にNASAが打ち上げた宇宙背景放射探査機COBEがとらえた、宇宙背景放射の温度のゆらぎ。まだら模様が温度のゆらぎを表している。
提供：NASA

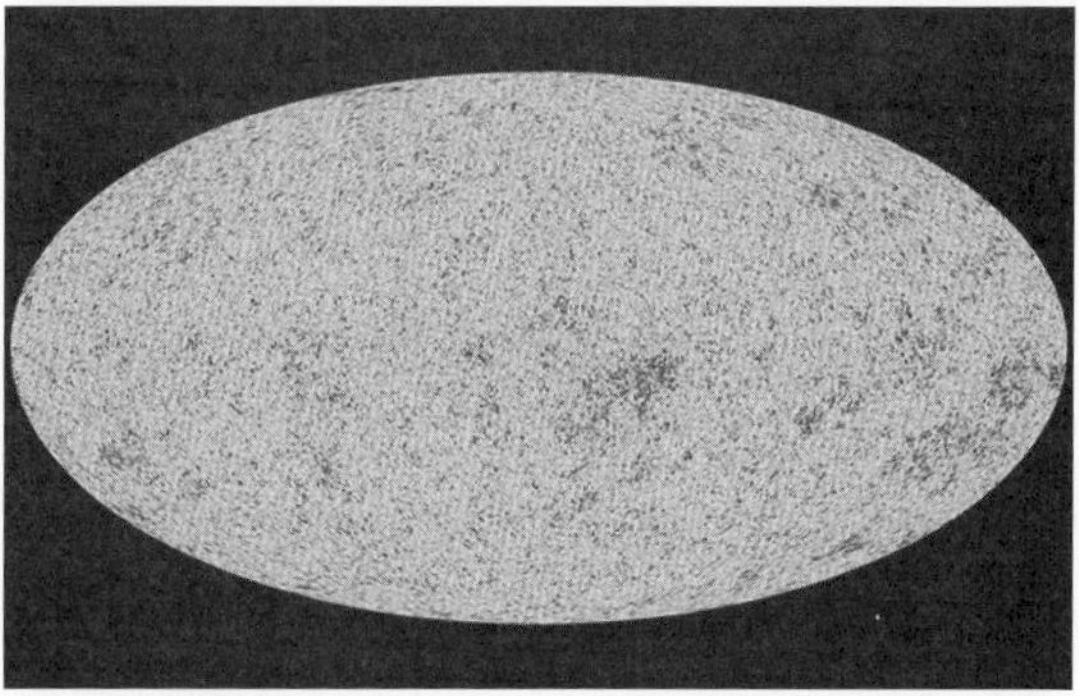

プランク衛星

2009年に打ち上げられたプランクは、より高い精度で宇宙マイクロ波背景放射の温度のゆらぎを観測した。
提供：ESA and the Planck Collaboration

宇宙の大規模構造

また、この宇宙背景放射の「ゆらぎ」は、宇宙の構造とも大きな関係があると考えられています。ここで、第四章で紹介した暗黒物質のことを思い出してください。暗黒物質の分布には濃淡があり、その密度が濃いところに材料が引き寄せられて星になったという話をしましたよね？　その暗黒物質の濃淡を生んだのが、宇宙背景放射に見える「ゆらぎ」そのものではないかと考えられているのです。

さらに、近年はより大きな範囲での宇宙の構造も明らかになってきました。宇宙には約一〇〇〇億個もの銀河があると考えられていますが、それは小石を地面にバラまいたようにランダムな配置になっているわけではありません。銀河がひとつの点にしか見えないぐらいのスケールで宇宙の「地図」を描くと、「むら」があることがわかります。

たとえば次ページの上の図は、六・六億光年の幅で銀河の位置を示したもの。銀河がまんべんなく散らばっているのではないことがわかるでしょう。この図のように銀河の点がつながって線のようになっている部分を「フィラメント構造」、銀河のない空っぽの部分を「ボイド」といいます。ボイドとは、「泡」のこと。下の図はさらに範囲を広げて、一八億光年の幅で銀河の位置を記しています。一八億光年ほどの範囲にすると、

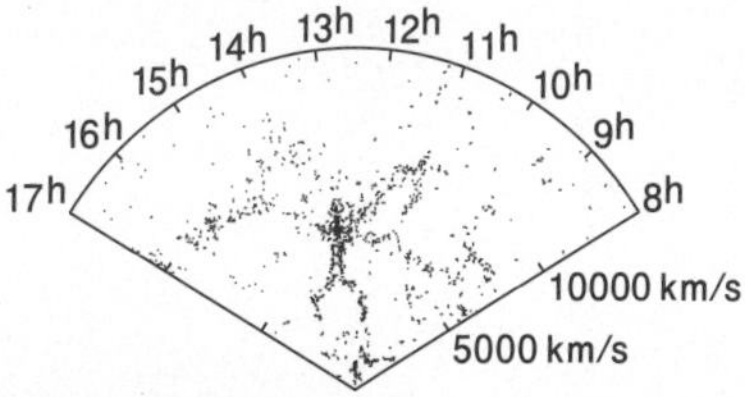

宇宙の大規模構造

奥行き6.6億光年の宇宙地図。一点一点が銀河。銀河がつながっている「フィラメント」や、泡のようにぽかっと銀河がない「ボイド」が見られる。
提供：de Lapparent et al 1986（CfA）

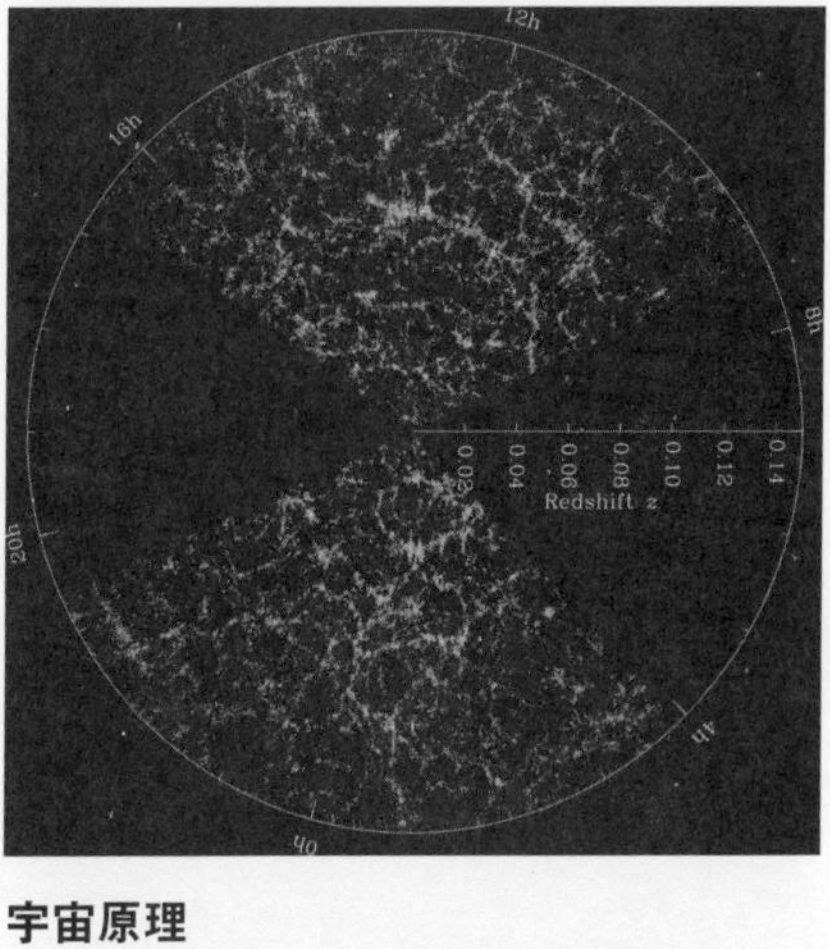

宇宙原理

18億光年先まで広げた宇宙地図。大きく見ると「むら」はあるものの、宇宙はどこまで行ってもどちらを向いても同じように続いていくのがわかる。このように、宇宙には特別の場所や向きが存在しないことを「宇宙原理」と呼ぶ。
提供：M. Blanton and the Sloan Digital Sky Survey（SDSS）

線と泡のパターンがよりはっきりとわかるでしょう。

このパターンが「宇宙の大規模構造」もしくは「宇宙の泡構造」と呼ばれるものです。この図で描かれた部分だけが、このような構造になっているわけではありません。広い宇宙は、どこを見てもおおむね同じような構造になっています。

では、なぜ宇宙はこのような構造になったのか。コンピュータによるシミュレーションでは、そこで暗黒物質が大きな役割を果たしたことがわかりました。暗黒物質のない宇宙を想定してシミュレーションをすると、当然ながら星や銀河は生まれません。しかし暗黒物質のある宇宙では、星や銀河が生まれるのはもちろん、先ほどの泡構造ができあがるのです。

ちなみにWMAPやプランクの観測では、宇宙全体にどれだけの暗黒物質が存在するかもわかりました。その値は、宇宙の大規模構造をつくるのに必要な暗黒物質の量とほぼ一致しています。ビッグバンのときに生まれた電磁波のゆらぎが暗黒物質の濃淡を決め、その濃淡が宇宙の大規模構造をつくり上げた……そんなシナリオが、明らかになってきたのです。

第六章

「四つの力」と素粒子の標準模型

過去の宇宙を見る

コペルニクスやガリレオが天動説を覆し、ニュートンが万有引力の法則を打ち立てて以降、人類は宇宙の謎を次々と解明してきました。まずは太陽と惑星の動きがわかり、その太陽系が属する銀河系の仕組みがわかり、銀河系の外にも宇宙が広がっていることがわかり、その宇宙そのものが膨張していることまで突き止めたのです。それが永遠不変の定常的な空間ではなく、「火の玉からの膨張」というダイナミックな進化を経て現在にいたっている（それはまさに投げ上げられたボールが飛び続けているようなものです）という意味では、天「動」説もあながち間違いとはいえないかもしれません。

では、いまから一三八億年前に、宇宙はどうやって動き始めたのか。当然、次の興味はそこに向かいます。私たちは星の内部でつくり出された元素でできており、その星は暗黒物質の重力で生まれたらしいことまではわかりましたが、その暗黒物質がどうやって出現したのか、暗黒物質の濃淡のゆらぎはどうつくられたのかはまだわかりません。宇宙の起源は、私たち人類の起源でもあるのです。

もしビッグバンを望遠鏡で観察することができれば、その謎も解決に近づくでしょう。そして私たちは、タイムマシンに乗らなくても、昔の宇宙を見ることができるのを知っています。光が地球に届くまで時間がかかるので、宇宙では、それが遠ければ遠いほど「過去」を見ていることになる。したがって、望遠鏡の性能を上げさえすれば、一三八億年前の宇宙の姿も見えるはずです。

そしてテクノロジーの進歩は目覚ましく、望遠鏡の性能はどんどん上がっています。二〇一一年一月にはNASAによって、偉大な天文学者の名を冠したアメリカの「ハッブル宇宙望遠鏡」が、一三二億光年先の銀河を発見したと発表されました。また、NASAはハッブル宇宙望遠鏡に続く次世代望遠鏡「ジェイムズ・ウェッブ宇宙望遠鏡」を二〇二一年に打ち上げ、一三五億光年先の銀河も見つけました。

ならば、いずれビッグバンも……と、誰しも思うでしょう。しかし残念ながら、どんなに高性能の望遠鏡が開発されても、ビッグバンの瞬間を見ることはできません。なぜならそこは、光が出てこられない空間だったからです。望遠鏡は光をキャッチする道具ですから、光を出さない相手にはまったくの無力。手の出しようがありません。

光の正体

ここで早合点する人もいるでしょうが、光が出てこられない空間といっても、それはブラックホールとは違います。ブラックホールは重力で光を引っ張り込みますが、ビッグバンが光を閉じ込めてしまうのは重力のせいではありません。こちらは、ビッグバンの「熱」と関係があります。

第二章で太陽の核融合を説明したときに、「温度が高い」とは「分子の動きが活発」であることを意味するといいました。気温の高い日は空気中の分子が元気よく飛び回っているから、それが肌にビシビシ当たって暑いと感じます。

また、さらに高い温度になると分子が元気に動きすぎてまとまっていられず、バラバラになるという話もしました。たとえば水を一〇〇度以上に熱すると水蒸気になるのも、たくさんくっついていた水の分子がバラバラになるからです。もっと温度が上がっていくと、こんどは分子そのものがバラバラになって原子になり、その原子もバラバラになって陽子や電子になる。太陽の内部では、その陽子が飛び回っているうちにくっついて、核融合が起こるわけです。

ビッグバンの温度は、太陽内部どころの高さではありません。太陽核は約一五〇〇万度ですが、ビッグバンの場合、やや温度が下がった一万分の一秒後で一〇兆度。ビッグバンから一秒後でも一〇〇億度（太陽核の約一〇〇〇倍）ですから、あらゆる粒子がバラバラになり、猛烈な勢いで飛び回っていたことは間違いありません。

もちろん、熱があるのですから、そこには光も存在します。でも、そこら中を飛び回っている電子に邪魔をされて、まっすぐ進むことができません。電子は電気を帯びてい

ジェイムズ・ウェッブ宇宙望遠鏡

極低温度試験中のジェイムズ・ウェッブ宇宙望遠鏡。ハッブル宇宙望遠鏡の後継機として開発され、2021年に打ち上げられた。
提供：NASA

るので、光はその電気に反応してぶつかってしまうのです。

話は少し横道に逸《そ》れますが、ここで光の正体について説明しておきましょう。

みなさんの中には、電磁波の一種である光が、ブラックホールの重力で「引っ張り込まれる」とか、電子に「ぶつかる」といった現象がどうもピンとこないと感じている人も多いと思います。空間を伝わっていく波が、まるで物質のように語られていることに違和感を抱くのでしょう。

たしかに、光は物質ではありません。しかし実は、単なる波でもないのです。「波」であると同時に、「粒」でもある。そういう不思議な性質を持っています。

光が「波」か「粒」かについては、昔からさまざまな議論がありました。一時は「波である」という結論になったこともあります。しかし、光が波だとすると説明のつかない現象もありました。

というのも、波が伝わるには何か媒質（波を伝えるもの）が必要だとふつうは思うのです。たとえば音もさまざまな波長を持つ波ですが、これが伝わるのは空気という媒質を振動させるから。ですから、空気のない宇宙空間では音が聞こえません（SF映画ではしばしば宇宙船が大音響と共に爆発しますが、あれは場面を盛り上げる演出としてはよくても、実際にはあり得ません）。

ところが光は、空気がなくても伝わります。宇宙の星が見えるのが、何よりの証拠でしょう。では、光の波は何を伝わって地球まで届くのか。

そこで存在が予想されたのが「エーテル」という媒質でした。その正体はわからないものの、何らかの媒質が宇宙空間を満たしており、それが光の波を伝えているに違いないと考える科学者が多かったのです。ニュートンは光が微粒子だと考えていましたが、それでは光には屈折や回折といった波ならではの現象もあり、問題が残っていました。

しかし、光が宇宙空間を伝わるのは、まったく別の理由でした。それを解明したのは、またしてもアインシュタインです。

相対性理論があまりにも有名なので知らない人も多いのですが、実はアインシュタインに与えられたノーベル賞は、この業績が受賞理由。一説によると、本当は相対性理論に与えたかったものの、選考委員もその難解な理論をまだきちんと理解できなかったので表向きは別の業績を評価した……ともいわれますが、こちらの「光量子仮説」だけでも十分にノーベル賞に値する仕事です。

しかもアインシュタインは、その論文を、特殊相対性理論と同じ一九〇五年に発表しました。彼にとってこの年が「奇跡の年」といわれる所以《ゆえん》です。

この論文で、アインシュタインは「光電効果」という現象の謎を解きました。振動数の大きい光を金属に当てると、そこから電子が飛び出す現象です。光が波だとすると説明がつかないので長く謎だったのですが、アインシュタインは、光には粒の性質があり、だから電子を弾《はじ》き飛ばすことができるのだと考えました。

とはいえ、アインシュタインは光が波であることも否定していません。光は、両方の性質を併せ持っているというのです。

そして、これは光にかぎったことではありません。この話を始めると「量子力学」という難しい世界に入ることになるので詳しくは説明しませんが、ずっと粒だと思われていた電子にも波の性質があります。

たとえば電子顕微鏡は、電子の持つ波の性質を利用したもの。ミクロ（小さなもの）の世界では、そういう不思議なことがいろいろと起こります。

量子力学は、そんなミクロの世界の現象を説明するものです。ニュートン力学はマクロ（大きなもの）の世界を説明するのに十分な役割を果たしましたが、ミクロの世界には通用しません。そのため、ミクロの世界が重要な意味を持つようになった二〇世紀以降の物理学では、量子力学が相対性理論と並ぶ大きな柱になりました。たいへん面白い理論なので、興味のある方は入門書を探して読むことをおすすめします。

宇宙の晴れ上がり

話をビッグバンに戻しましょう。

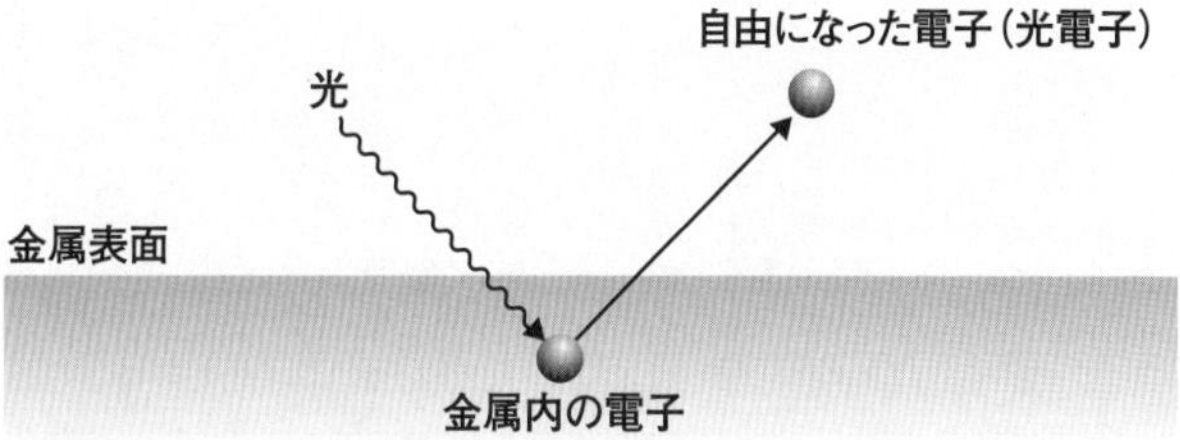

光電効果

金属に光を当て、そこから電子が飛び出す現象を「光電効果」という。これにより、光は「粒子」としての性質を持つことが証明された。

電子に邪魔をされていた光がようやくまっすぐ進めるようになったのは、ビッグバンから約三八万年後のことだと考えられています。その頃には、宇宙の温度もかなり下がっていました（圧縮すると温度が上がるのとは逆に、膨張すると温度は下がります）。温度が下がるにしたがって、飛び交う粒子の運動が落ち着いてくるのは、もうおわかりですよね？　すると、熱かったときは気ままにビュンビュン飛び回っていた電子が、原子核（陽子）に捕まえられるようになります。電子は電荷がマイナス、陽子はプラスですから、電気の力で引き寄せられるわけです。

その両者がくっつくのですから、できあがった原子は電荷が差し引きゼロ。つまり、電気がありません。それまで光が自由に飛べなかったのは、電気に反応して電子とぶつかるからでした。その電気がなければ、もう行く手を遮るものはありません。

空を分厚く覆っていた雲が消え、地上に太陽の光が差し込むシーンを連想させるので、これを「宇宙の晴れ上がり」といいます。ここで光は初めて解き放たれ、宇宙空間を直進し始めました。宇宙背景放射として観測されるマイクロ波も、このときの光が引き伸ばされたものです。

ですから、ビッグバンから三八万年後の光景は望遠鏡で見ることができ、実際にＣＯＢＥ、ＷＭＡＰ、プランクが観測しました。しかし、それより前の宇宙は「雲」に遮られて見ることができません。ガリレオがおよそ四〇〇年前に初めて望遠鏡を夜空に向けて以来、人間は天体からの光を通じて宇宙の謎を解明してきましたが、その努力はここで「行き止まり」です。

では、宇宙の起源を探る研究はここでおしまいなのでしょうか。宇宙の晴れ上がりまでの三八万年間に何が起きたかは、人類にとって永遠の謎になってしまうのでしょうか。

そんなことはありません。それを調べる手段は、ほかにもあります。

ここまでに何度もいってきたとおり、天上（宇宙）と地上（地球）は別世界ではありません。そこには同じ物質が存在し、同じ物理法則が通用します。

また、望遠鏡で遠い宇宙を観測する場合、とてつもなく大きな存在を相手にしているわけですが、ビッグバンが起きたときの宇宙は、現在の地球よりもはるかに小さな存在でした。その小さな宇宙の中では、バラバラになった大量の粒子たちが、光が直進できないほどの勢いで飛び回っていたのです。

そして物理学の世界には、「バラバラな粒子」を研究する分野があります。「素粒子物理学」と呼ばれるジャンルです。

人間は大昔から、天上にある星や太陽の謎を知ろうとする一方で、地上にある物質の根源について考えてきました。石や水や生物や空気など、この世に存在するさまざまな物質をバラバラにしていくと、最後は何になるのか。古代ギリシャで生まれた「アトム＝原子」という言葉は、「分割できないもの」という意味でした。

現代の物理学も、これ以上は分割できない物質の最小単位を「素粒子」と呼び、その性質や力の作用などを研究しています。もちろん実験を含めたさまざまな作業は地上でやっていますが、これはまさにビッグバン当時の「極小の宇宙」を研究しているのと同じだといえるでしょう。

小さな物質を扱う素粒子物理学は、大きな宇宙を相手にする天文学とは別々に発展してきました。もちろん、天上と地上が同じ物質でできていることはわかっていましたから、昔から多少の関わりはありましたが、その両者を密接に結びつけたのはビッグバン理論です。これによって宇宙が昔は小さかったことがわかり、その謎を解くには素粒子の研究が不可欠になりました。逆に、素粒子の謎を解く上でも、いまや宇宙の研究が欠かせません。顕微鏡で宇宙のことを探り、望遠鏡でミクロの世界を探る時代になったといってもいいかもしれません。

実際、いまは地上の実験施設の中で、ビッグバンのときに生まれたはずの粒子をつくり出そうとする試みも盛んに行われています。こうした研究を通じて、広大な宇宙の本質を明らかにしようとしているのですから、実に面白いと思いませんか？　いま私たちが観測できる宇宙の大きさは、一〇の二七乗メートル。1の次に0が二七個も並ぶスケールです。一方、いまの理論で予想されているもっとも小さな素粒子のサイズは一〇のマイナス三五乗メートルですから、小数点の下に0を三四個も並べてようやく次に1がくる。その「極大」と「極小」の研究が、実は同じ答えを求めながら進められているわけです。

素粒子の分類

それではここで、大きな宇宙の話はちょっと脇に置き、物質の根源がどこまでわかっているのかを、簡単にお話ししておきましょう。研究が進むにつれて、「これ以上は分割できない素粒子」はどんどん小さくなってきました。

物質の分子がバラバラにできることがわかったとき、それが「原子（アトム）」と名づけられたのは、もちろん、当時はそれが「これ以上は分割できない」と考えられたからです。多くの人々が、「これで物質の根源がわかった！」と思ったことでしょう。

しかし、この本の中でもすでに触れたとおり、原子はまだバラバラにできます。原子核のまわりを、電子が回っているのです。余談になりますが、その原子核と電子がどのくらい離れているかご存じですか？　実は、原子核の直径は電子の軌道（つまり原子全体の直径）の一〇万分の一しかありません。電子の軌道が地球だとすると、原子核の直径は東京タワー程度。つまり、原子の内部はスカスカなのです。

そんな原子核の発見によって、「素粒子」は一気に小さくなりました。なにしろ原子と原子核とでは、直径が五ケタも違うのです。しかし、電子のほうはいまのところ「もう分割できない素粒子」だと考えられていますが、原子核にはまだ内部構造がありました。陽子と中性子です。ここまではどの粒子も漢字表記の日本語があるので、その存在ぐらいは知っていた人が多いでしょう。

でも、陽子と中性子も素粒子ではありません。ここからは訳語がないのでカタカナ表記になりますが、どちらもバラバラにすると「クォーク」という粒子になります。この言葉自体に、とくに意味はありません。その存在を理論的に予想したアメリカの物理学者マレー・ゲルマンが、ジェイムズ・ジョイスの小説『フィネガンズ・ウェイク』に出てくる鳥の鳴き声から命名しました。ですから翻訳のしようがありませんし、漢字で意味を表現するのはちょっと無理ですね（中国では「夸克」という漢字を当てているようですが）。

陽子と中性子は、どちらも三つのクォークがくっついたものです。ただし、陽子は電荷がプラス1、中性子はゼロですから、それを構成するクォークも同じではありません。クォークにはいくつか種類があり、それぞれ電荷が違います。「アップクォーク」の電荷はプラス三分の二、「ダウンクォーク」はマイナス三分の一。これをどう組み合わせれば三個で陽子や中性子になるか、自分でちょっと考えてみても面白いかもしれません。

……答えは出たでしょうか？

正解は「陽子＝アップクォーク二個＋ダウンクォーク一個」、「中性子＝アップクォーク一個＋ダウンクォーク二個」。この組み合わせにすると、陽子の電荷は（2/3＋2/3−1/3＝3/3）で合計1、中性子の電荷は（2/3−1/3−1/3＝0/3）でゼロとなります。

いまのところ、クォークに内部構造があるとは思われません。ですから、これが「分割できない物質の最小単位」だと考えられています。

ただ、ここから話はまたややこしくなるのですが、クォークの種類は「アップ」と「ダウン」の二つだけではありません。陽子と中性子はその二つでできているのですが、それ以外にも「チャーム」「ストレンジ」「トップ」「ボトム」という四種類のクォークが存在するのです。

このうちチャームクォークとトップクォークの二種類は、電荷がアップクォークと同じプラス三分の二。ストレンジクォークとボトムクォークは、ダウンクォークと同じマイナス三分の一。ほかの性質もそれぞれ「アップ」や「ダウン」とほぼ同じですが、違うのは質量です。いちばん軽いのは「アップ」と「ダウン」で、その次が「チャーム」と「ストレンジ」、いちばん重いのは「トップ」と「ボトム」。このペアを、それぞれ「第一世代」「第二世代」「第三世代」と呼んでいます。

クォークにこんな秩序があるだけでも不思議なのですが、さらに面白いのは、電子の仲間にも三つの世代があること。やはり質量の軽い順に、第一世代＝電子、第二世代＝ミューオン、第三世代＝タウオンという三つの素粒子が存在するのです。この仲間は、クォークと区別するために「レプトン」（軽い粒子という意味）という名前で呼ばれています。

そして、レプトンはこの三種類だけではありません。クォークにそれぞれ同じような重さのパートナーがいるのと同様、三世代のレプトンにもパートナーがいます。それが、第二章にも出てきたニュートリノにほかなりません。これにも三つの種類があり、それぞれペアを組むレプトンの名を冠して、電子ニュートリノ、ミューニュートリノ、タウニュートリノと呼ばれています。

長々と説明してきたので少し頭が混乱したかもしれませんが、一五三ページの世代ごとに整理した一覧表を見れば、素粒子の世界がどんな仕組みになっているのかわかるでしょう。種類は多くても、こうしてスッキリと三つの世代に分類できるあたりに、自然界がつくり出す秩序の美しさを感じずにはいられません。

フェルミオンとボソン

さて、いま紹介したクォークとレプトンはすべて物質を形づくる素粒子で、まとめて

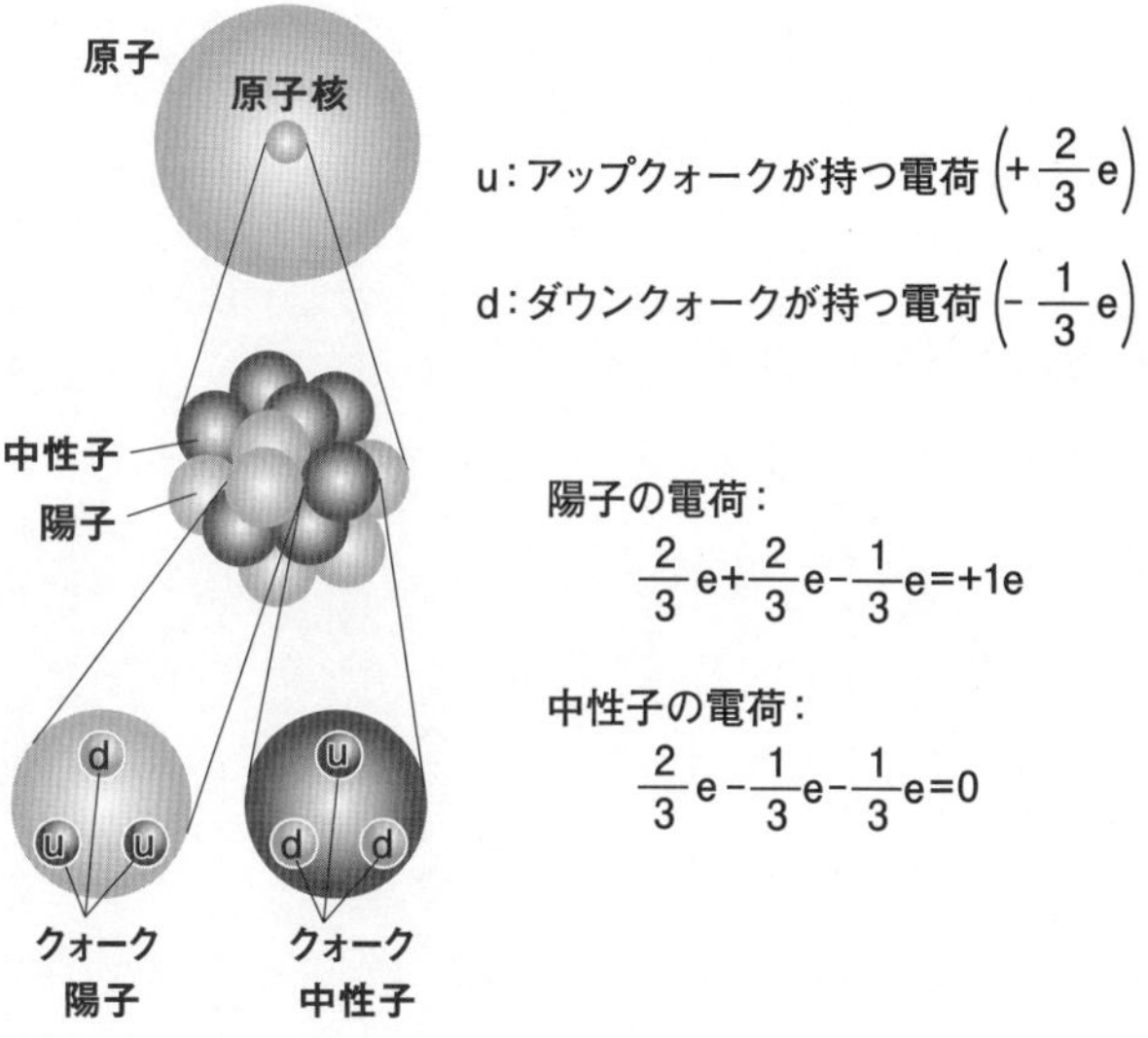

陽子と中性子を構成するクォーク

「フェルミオン」と呼ばれています。素粒子は「物質の根源」ですから、これで全部だと思う人も多いでしょう。でも、そうやって名前をつけて分類するのは、ほかの素粒子と区別するためです。

では、物質を形づくるもの以外に、どんな素粒子があるのでしょうか。

それは「力」を伝える素粒子で、フェルミオンに対して「ボソン」と呼ばれています(どちらも呼称は学者の名前に由来するものなので、あまり気にしないでください)。そういわれてもピンとこないと思いますが、現代物理学は、さまざまな力の正体が素粒子であることを明らかにしました。

たとえば、磁石は互いに引きつけ合ったり、反発し合ったりしますよね? これが、自然界で働いている力のひとつです。離れた物体のあいだにそんな力が働くのは、実に不思議な現象といえるでしょう。

物理学の分野では、まず一九世紀にジェイムズ・C・マクスウェルという物理学者が、この「磁気力」と「電気力」が同じものであることを発見し、「電磁気学」を確立しました。ごく簡単にいうと、磁石や電線のまわりには「電磁場」が生じて、それによって引力や斥力が働くというのが、マクスウェルの説明です。

しかし二〇世紀に入って先ほど出てきた量子力学が発展すると、その電磁場で起きていることをミクロな粒子の動きで説明できるようになりました。マクロの視点では離れ

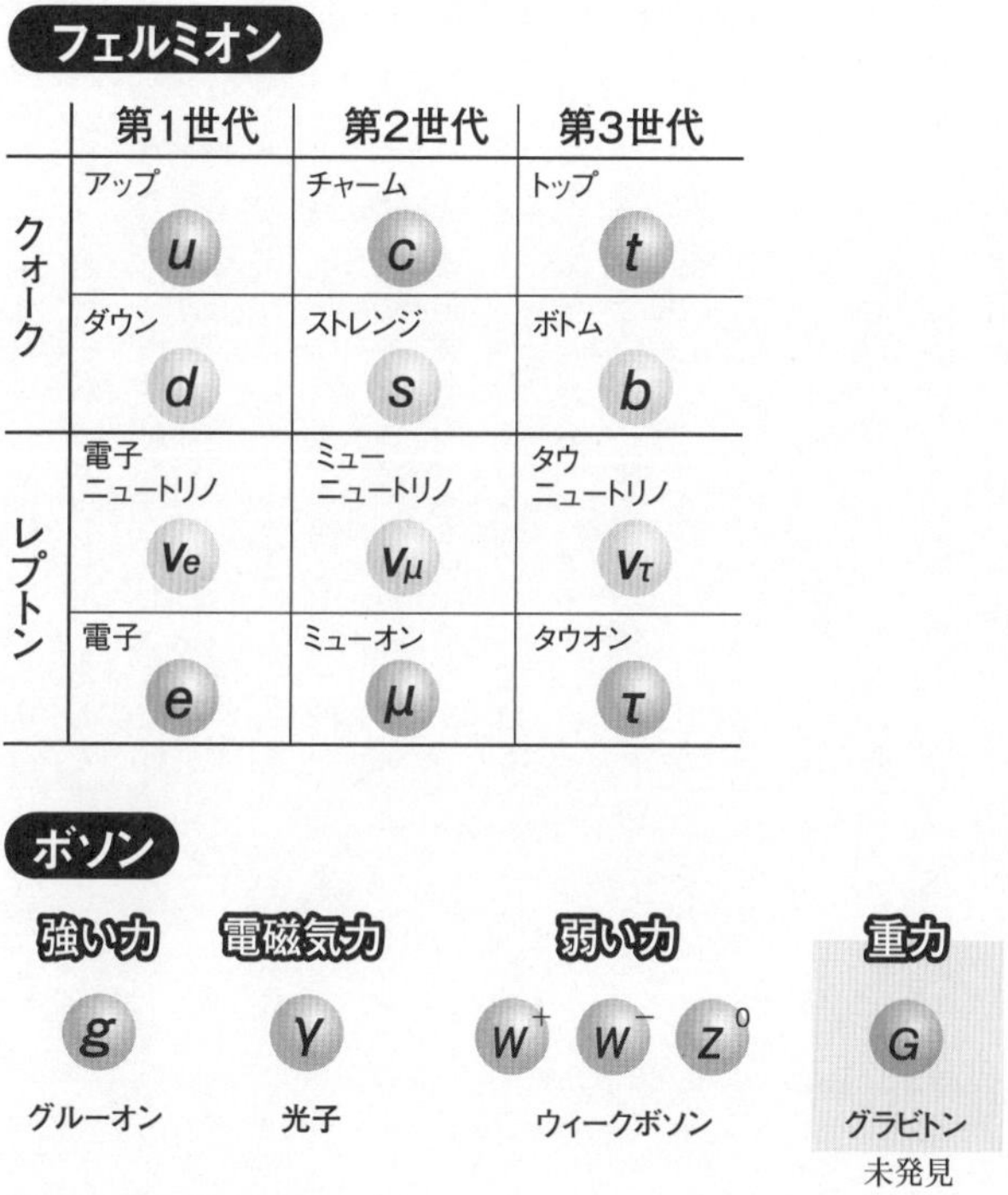

素粒子の標準模型

素粒子は物質を形づくるフェルミオンと、力を伝えるボソンという2種類のグループに大別できる。フェルミオンにはクォークとレプトンがあり、ともに6種類の素粒子が存在する。ボソンのグルーオン、ウィークボソン、光子、グラビトンは、それぞれ自然界の4つの力（強い力、弱い力、電磁気力、重力）に対応している。

た物体のあいだで見えない力が働いているようにしか観察できませんが、ミクロの視点で見ると、そこで素粒子が行き来しているのです。

では、どんな素粒子が電磁気力を伝えているのか。それは「光子《こうし》」でした。アインシュタインが明らかにしたとおり、光は「粒」と「波」の性質を兼ね備えています。その粒としての光が光子にほかなりません。そんなふうに考えたこともなかった人も多いでしょうが、光はボソンに属する素粒子の一種なのです。

この電磁気力を含めて、自然界には「四つの力」があり、それぞれに力を伝える素粒子が存在します。電磁気力のほかに誰でもすぐに思いつくのは、重力でしょう。引力だけで斥力はありませんが、磁石と同様、これも離れた物体のあいだで働きます。ただし重力を伝える素粒子は、理論的には予想されており、「グラビトン」という名前も用意されていますが、まだ発見されていません。

グラビトンが見つけにくいのは、四つの力の中で重力だけが極端に弱いことがひとつの原因です。ここまでの宇宙の話では、重力が主役のような活躍をしていたので、意外に思われるかもしれません。巨大な天体の動きを左右し、星や銀河を生み出しているにもかかわらず、重力は自然界でもっとも弱いのです。

その弱さは、手元に磁石と鉄の釘《くぎ》でもあればすぐに実感できるでしょう。机の上に小さな釘を置いて、その上に磁石を近づければ、釘は磁石に吸い寄せられます。ごく当たり前の現象ですが、その釘には下から重力が働いていることを忘れてはいけません。それは、地球全体の重力です。磁石とは比較にならないほど大きな地球が引っ張っているのに、その重力は磁石の電磁気力に勝てません。それぐらい重力は弱い。その力を数値にして比較すると、重力は電磁気力より三六ケタも弱いことがわかっています。「三六分の一」ではありません。電磁気力を1とすると、重力は0.000000000000000000000000000000000001ぐらいしかないのです。

素粒子の標準模型

その弱い重力を伝えるグラビトンは未発見ですが、残る二つの力については、すでにボソンが発見されています。その力とは、「強い力」と「弱い力」。やけにわかりやすい名前ですが、電磁気力や重力のように人間が実感できるものではないので、大半の人は「そんな力がどこに働いているんだ?」と思うでしょう。これはどちらも目に見えないミクロの世界で働く力なので、それも無理はありません。

まず強い力から説明すると、これは原子核がバラバラにならないために必要なものです。原子核は陽子と中性子からできていますが、陽子はプラスの電荷を持っているので、二つ以上あると反発し合ってくっつきません。それを束ねるには、反発する電磁気力よりも（文字どおり）強い力が働いていなければいけません。

当初は陽子と陽子をくっつける力だと予想されましたが、その後、陽子がクォークでできていることがわかり、強い力もクォーク同士を結びつけるものだと判明しました。それを伝える素粒子は、「グルーオン」と呼ばれています。糊《のり》やニカワを意味する言葉ですから、強力な接着剤のような働きをする粒子にふさわしい名前ですね。

もうひとつの弱い力は、原子核の崩壊を引き起こす力。電磁気力よりは強いのですが、強い力よりは弱いので、そう呼ばれています。その力によって起こる現象の代表例は、すでに第二章でも取り上げました。中性子のベータ崩壊です。中性子が壊れて陽子になるときに、電子とニュートリノを放出する。それを引き起こすのが弱い力で、これは「ウィークボソン」によって伝えられます。

以上の四種類（厳密にいうとウィークボソンだけで三種類、グルーオンも八種類あります）が、力を伝えるボソンです。これと先ほどのフェルミオン（物質粒子）を合わせたものが、物理学の世界で「標準模型（標準理論ともいう）」と呼ばれるもの（一五三ページの図）。二〇世紀の素粒子物理学は、多くの試行錯誤を経ながら、そこまで物質と力のことを解明しました。

ここでは、標準模型の確立に貢献した科学者たちの名前を紹介することができませんでしたが、私の『宇宙は何でできているのか——素粒子物理学で解く宇宙の謎』（幻冬舎新書、二〇一〇年）という本には、この金字塔ともいえるモデルができあがるまでの話を詳しく書きましたので、興味があれば読んでみてください。ノーベル物理学賞を受賞した湯川秀樹さん、朝永振一郎さん、小柴昌俊さん、益川敏英さん、小林誠さん、南部陽一郎さんといった人々も、この標準模型の構築に多大な貢献をされています。

未発見の素粒子をつくり出す

とはいえ、この標準模型も完璧に物質の成り立ちを説明できる理論ではありません。仮にグラビトンが発見されても、まだ不十分です。この理論に必要な「ヒグス粒子」は二〇一二年に発見されました。

見慣れないカタカナの名前ばかり出てくるので覚えにくいでしょうが、これは弱い力のウィークボソンに質量を与える素粒子です。といっても、本来あるはずの質量がなくて困っているのではありません。ないはずの質量があることが、説明できなかったのです。

というのも、標準模型では見つかっているすべての素粒子には質量がなく、いつも光速で飛んでいるはずなのです。ところが電子にもクォークにも、ウィークボソンにも質量があることがわかっています。その本来ないはずの質量を与えているはずだと予想されるのが、ヒグス粒子。これが水飴《みずあめ》のようにまとわりついて「動きにくく」しているせいで、素粒子に質量があるように見えるのだろうと考えられているのです。

また、標準模型はあくまでも原子でできている物質の成り立ちを説明するものでしかありません。陽子も中性子も電子もクォークも、原子をバラバラにすることで見つかりました。ところがこの世には、原子ではできていない物質もあります。それが暗黒物質であることは、いまさらいうまでもないでしょう。それが原子の五倍もあるのですから、たとえ標準理論が完成したとしても、それだけでは宇宙に存在する物質のわずか十数パーセントを理解したことにしかなりません。

では、これら存在の予想される素粒子はどうすれば発見できるのか。グラビトンもヒグス粒子も暗黒物質も、あるとすれば宇宙に（もちろん宇宙の一部である地球上にも）大量に存在します。神岡鉱山地下のＸＭＡＳＳが宇宙から飛来する暗黒物質を検出しようとしているように、観測機で「捕まえる」のもひとつの方法です。しかし素粒子の発見方法は、それだけではありません。実験装置の中で「つくり出す」方法もあります。先ほど紹介した標準模型に含まれる素粒子の多くも、そうやって存在が確認されました。

そこで使用されるのは、加速器という装置です。粒子にエネルギーを加えて加速し、標的にぶつけるのが、その基本的な仕組み。固定した標的にぶつけたり、反対方向から

全周約27キロメートルの大型ハドロン衝突型加速器（LHC）。写真内の線で描かれた部分に設置されている。下の写真はトンネル内の様子。提供：CERN

走らせた粒子同士を正面衝突させたりするなど、やり方はいろいろありますが、粒子が衝突したときに出てくる粒子を検出するのがその目的です。たとえば、具のたくさん載ったピザを壁にぶつけると、トマトやハムやチーズがバラバラになって飛び散りますよね？　加速器でやることも、それと似たようなことだと思ってください。飛び散った粒子の中から、未知の素粒子を見つけ出すのです。

日本も含めて世界中にはたくさんの大型加速器がありますが、その中でも国際的にいちばん有名なのは、スイスのジュネーヴにある「ＣＥＲＮ（セルン）」（欧州原子核研究機構）の大型ハドロン衝突型加速器（Large Hadron Collider）でしょう。略称はＬＨＣ。全周が二七キロメートル（ちなみに東京の山手線は全周三四・五キロメートルです）もある巨大な円形加速器で、陽子と陽子をビュンビュン回して正面衝突させる実験が行われています。このＬＨＣでヒグス粒子が見つかりました。

こうした加速器による実験は、ある意味で、望遠鏡では見ることのできない「宇宙初期」を代わりに観察する試みともいえるでしょう。光が直進できるようになるまでの宇宙は、超高温で煮えたぎる「素粒子のスープ」のような状態でした。ビッグバンの瞬間ほどの高エネルギー状態を加速器で再現することはできませんが、どんどんエネルギーを高めて、衝突させる粒子の速度を上げていけば、そこに近づくことはできます。グラビトンや暗黒物質など未発見の素粒子を検出する以外にも、今後、加速器実験からは宇宙の始まりについて多くのことがわかるに違いありません。それは、まさに「宇宙を見る顕微鏡」のようなものなのです。

第七章

宇宙の未来はどうなるのか

物質が存在できる理由

宇宙の始まりや成り立ちについては、まだまだ多くの謎が残されています。たとえば「反物質」の問題もそのひとつ。映画にもなったダン・ブラウンの『天使と悪魔』で重要な役割を果たしたこともあり、架空の物質だと思っている人もいるでしょうが、反物質は実在します(そういえば、あの映画で反物質がつくられたのはCERNのLHCという設定でした)。

第六章で素粒子の標準模型を説明しましたが、実はあのリストは全体の半分でしかありません。粒子にはどれも、電荷のプラスマイナスが逆なだけでそれ以外は同じ性質を持つ「反粒子」が存在するのです。たとえば電子の反粒子は「陽電子」といって、電子と陽電子が出会うとエネルギーを出しながら消滅してしまいます。クォークと反クォーク、ニュートリノと反ニュートリノなども同じ。これを「対消滅《ついしょうめつ》」といいます。

反物質とは、その反粒子でつくられた物質のこと。反アップクォーク二つと反ダウンクォークひとつで反陽子をつくり、そのまわりを陽電子が回っていれば、それは反水素原子です。それが集まれば反水素分子になり、反酸素分子とくっつけば「反H_2O」、つまり水の反物質になるでしょう。そうやって反物質を集めていけば、「反人間」や

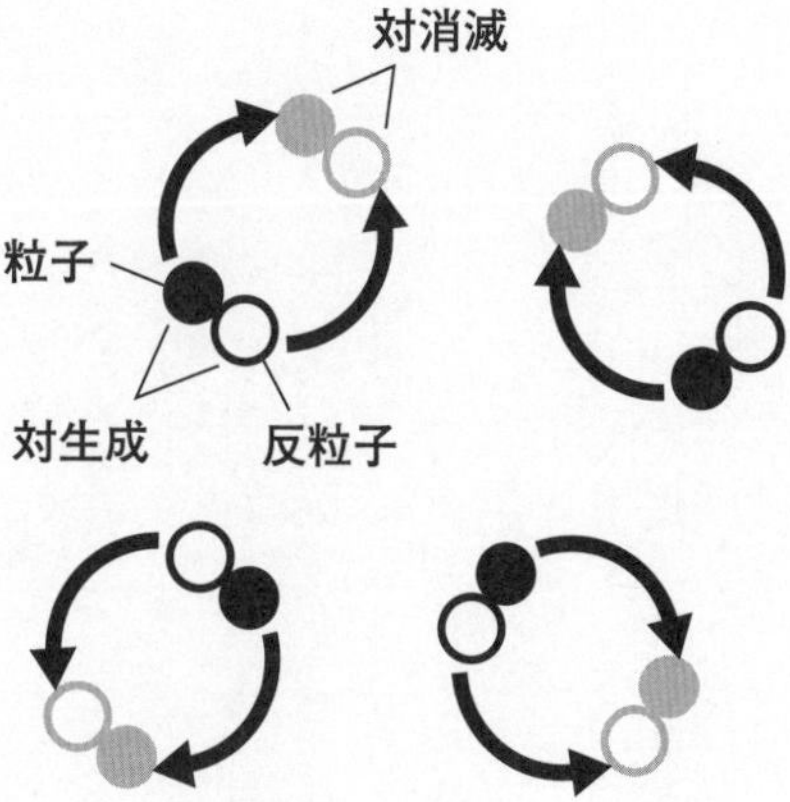

対生成と対消滅

粒子には電荷以外同じ性質を持つ反粒子が
存在し、対生成と対消滅をくり返している。

「反地球」もつくれるはずです。ただし人間と握手した瞬間に、人間も反人間もものすごいエネルギーを出して消滅してしまうので、取り扱いには注意が必要ですが。

もっとも、反水素原子までは実験室の中でつくられ、短い時間ですが容器に閉じ込めることにも成功しているものの、自然界に反物質は存在しません。しかしビッグバンのときには、大量の反物質が生まれたと考えられています。それがいまは存在しないのは、物質と出会って消滅したから。つまり、物質のほうも大量に消滅したわけです。

それでも、星や水や人間などの物質が存在しているのはなぜか。宇宙が始まったときに、反物質よりも物質のほうが少しだけ多かったからです。その差はほんのわずかで、現在の計算によると、たった一〇億分の二にすぎません。

たまたまそうだった——と考えることもできなくはないでしょう。しかし物質と反物質は、消滅するときだけでなく、生まれるときもいっしょです。「対生成《ついせいせい》」といって、両者が同時に生まれ、また出会っては消滅する。どちらも一対一です。その物質と反物質の量にほんの少しとはいえ差があったのは、実に不思議です。多くの研究者がさまざまな角度からこの謎に挑んでいますが、この問題が解けないかぎり、私たちがこの世に存在する理由はわかりません。

四つの力の統一

また、私たち物理学者は、宇宙の成り立ちをもっとシンプルに説明できるはずだと思っています。たとえば素粒子にしても、物質の根源というわりに、標準模型のリストは種類が多すぎると思いませんか？　これだけ種類があるということは、全体に共通の根源があるように思えてなりません。

力のほうも、強い力、弱い力、電磁気力、重力の四つが別々の理論でしか説明できないのは、どうも居心地が悪い。かつてマクスウェルが電気力と磁気力をひとつの理論で統一したように、この四つも同じ理論で統一できたほうがシンプルです。

もちろん、物理学者はこれらの問題を前にして立ち止まっているわけではありません。多くの研究者が、よりシンプルな答えを求めて奮闘しています。

たとえば素粒子の種類が多いことについては、その根源を輪ゴムのような「ひも」だとする説が有力。これは、あらゆる素粒子は「点」ではなく、長さを持った「ひも」だと考える説で、提唱者のひとりに南部陽一郎さんがいます。あまりに小さいので、長さを持っていても私たちには点のように見えます。ですが、バイオリンの弦は長さによって振動数が変わり、それによって音程が変わりますよね？　それと同じように、もともとは同じ「ひも」である素粒子が、その振動の具合によってクォークに見えたりウィークボソンに見えたりする。それが、この理論の基本的な考え方です。

力の統一に関しては、すでに「ワインバーグ＝サラム理論」（どちらも研究者の名前です）によって、電磁気力と弱い力がほぼ統一されました（統一した力のことを「電弱力」と呼びます）。詳しくは説明しませんが、ここで面白いのは、この二つの力がエネルギーの高い状態で一致すること。低エネルギー状態では別々の理論でしか説明できませんが、高エネルギー状態ではどちらもひとつの方程式で扱えるのです。

これが何を意味しているか、わかるでしょうか？

高エネルギー状態とは、超高温状態のことでもあります。そこで思い出すのは、やはりビッグバンでしょう。そう、宇宙が生まれた当初の高エネルギー状態では、電磁気力と弱い力は区別されず、まったく同じ力だったと考えられるのです。それが、宇宙の温度が下がったときに、別々の力に枝分かれしました。だとすれば、もっとエネルギーの高い状態では、四つの力すべてがひとつに統一されていたのではないでしょうか。

実際、現在はそんな仮説に基づいた研究が続けられています。最初はひとつだった力から、宇宙が冷えるにしたがってまず重力が独立し、次に強い力が枝分かれし、最後に電磁気力と弱い力が別のものになったという説が有力です。

そして実は、この問題には暗黒物質も無関係ではないかもしれません。暗黒物質の正

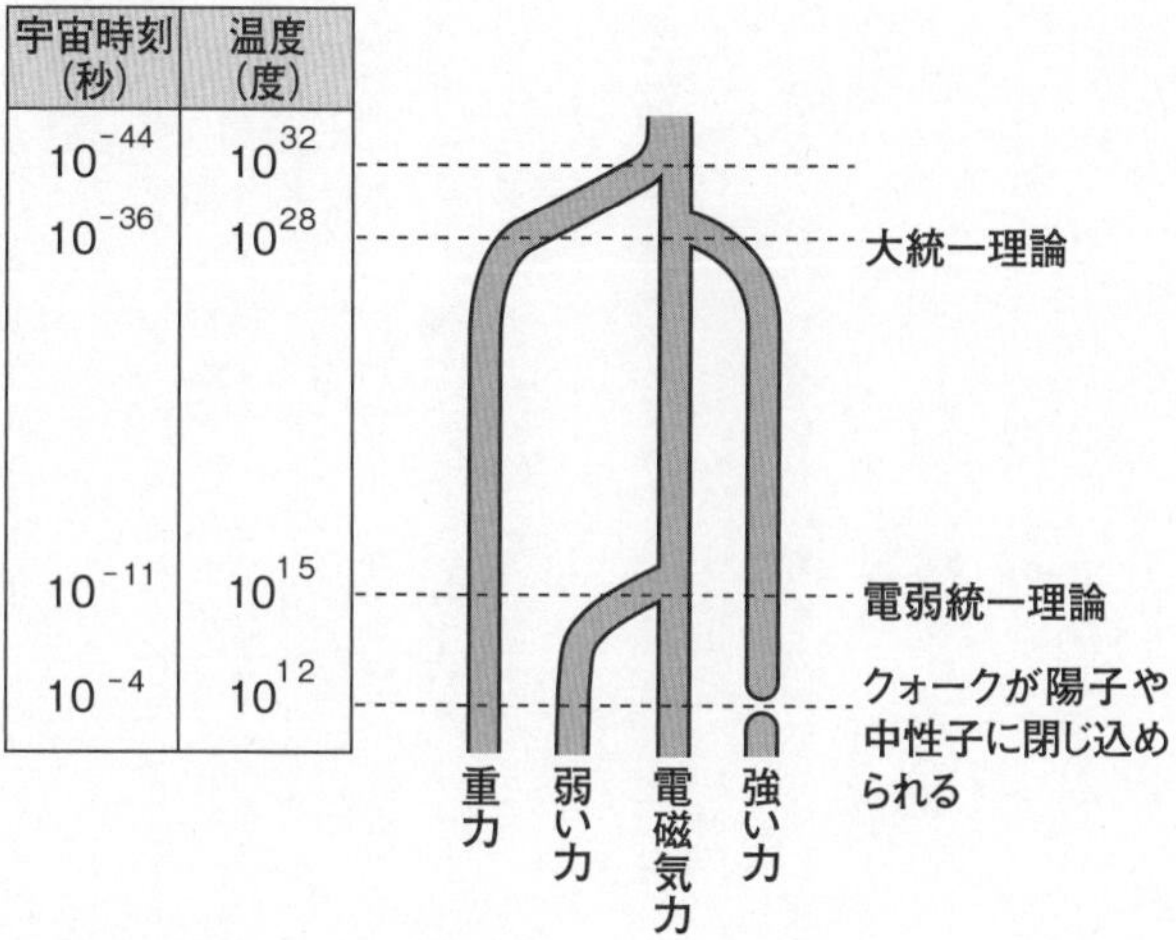

自然界に存在する4つの力

宇宙が誕生したときにはひとつだけしかなかった力が、宇宙膨張による低温化で4つの力に分岐した。

体がわかると、素粒子の標準模型が大きく見直される可能性があります。すると当然、力の働き方に関する計算も変わってくるでしょう。その結果、電弱力と強い力があるエネルギー状態では一致することがわかるかもしれないのです。

その理論的なつながりについては、たいへん難解な話になるので、ここでは触れません。そうやって、さまざまな謎に関する研究がからまり合いながら、ひとつの方向に進んでいることをわかっていただければいいでしょう。宇宙はどのように始まり、私たちの世界はいかなる法則によって成り立っているのか——私たち研究者は、それを説明するシンプルで美しい理論を追い求めているのです。

宇宙の膨張は加速している

ところで、宇宙の過去についてはかなり多くのことがわかり、研究が進められていますが、未来のほうはどうなっているのでしょうか。宇宙が膨張している以上、未来の姿は現在とは違うはずです。このまま膨張が続くと、いったいどうなるのか。

これについては、以前から三つの可能性が考えられていました。

もっとも可能性が高いと思われたのは、「スピードを徐々に落としながらも止まることなく膨張し続ける」というものです。投げ上げたボールが、少しずつ減速しながらも上昇を続け、落ちてはこないイメージですね。

また、投げ上げたボールの速度が地球の重力との関係で決まるのと同様、宇宙の膨張速度は宇宙にある物質の重力で決まります。ですから物質の量がもっと少なければ（つまり重力が弱ければ）しばらく減速した後、一定の速度で膨張を続けるでしょう。これが二つ目のシナリオです。

一方、減速膨張のケースよりも物質が多い場合、その重力によって膨張は止まります。これはまさに、一般相対性理論を打ち立てたときにアインシュタインが心配したのと同じ状況といえるでしょう。物質の重力に引っ張られて、宇宙が収縮を始めるわけです。そして最終的には一点に戻って潰れてしまう。始まりのビッグバンに対して、これを「ビッグクランチ」といいます。前の二つは膨張が続くので宇宙が永遠の存在であるのに対して、この説では宇宙に終わりがあるわけです。

しかし二〇〇三年になって、宇宙がまったく別の形で終わりを迎える可能性が出てきました。というのも、その膨張が加速していることがわかったのです。

もしそれが続くと、どうなるか。理論的には、そのスピードが無限大に達したところで宇宙が引き裂かれ、すべての物質がバラバラになってしまうことがあり得ます。すでに、「ビッグリップ」という名前までつけられました。「大きな唇」ではありません。リップ（lip ではなく rip）は「引き裂く」という意味です。

その加速膨張を発見したのが、二〇一一年のノーベル物理学賞を受賞した研究者たちでした。受賞者は、ソール・パールマター、ブライアン・シュミット、アダム・リースの三名です。シュミットとリースは共同研究者なので、チームは二つ。ちなみにパールマターは私にとってカリフォルニア大学バークレー校の同僚なので、その受賞はたいへんうれしく思いました。

彼らが宇宙の膨張速度を調べるために観測したのは、「Ｉａ型《イチエー》」と呼ばれる超新星です。超新星は光の特徴によっていくつかの種類に分類されているのですが、このＩａ型はどれも明るさが同じ。そのため、見かけの明るさから距離を割り出すことができます。

彼らは数十億光年先のおよそ五〇個のＩａ型超新星を見つけ出し、それが遠ざかる速度を観測しました。その結果、事前の予想をはるかに下回る速度で超新星が遠ざかっていることを突き止めたのです。これは、従来の宇宙論をひっくり返すほどの驚くべき大発見でした。遠くの超新星は昔の宇宙の膨張速度で遠ざかっていますから、遠くの超新星の速度が遅いということは、昔の宇宙の膨張速度が遅かったということになるからです。減速している可能性が高いと思われていた宇宙膨張が、加速している証拠だったわけです。

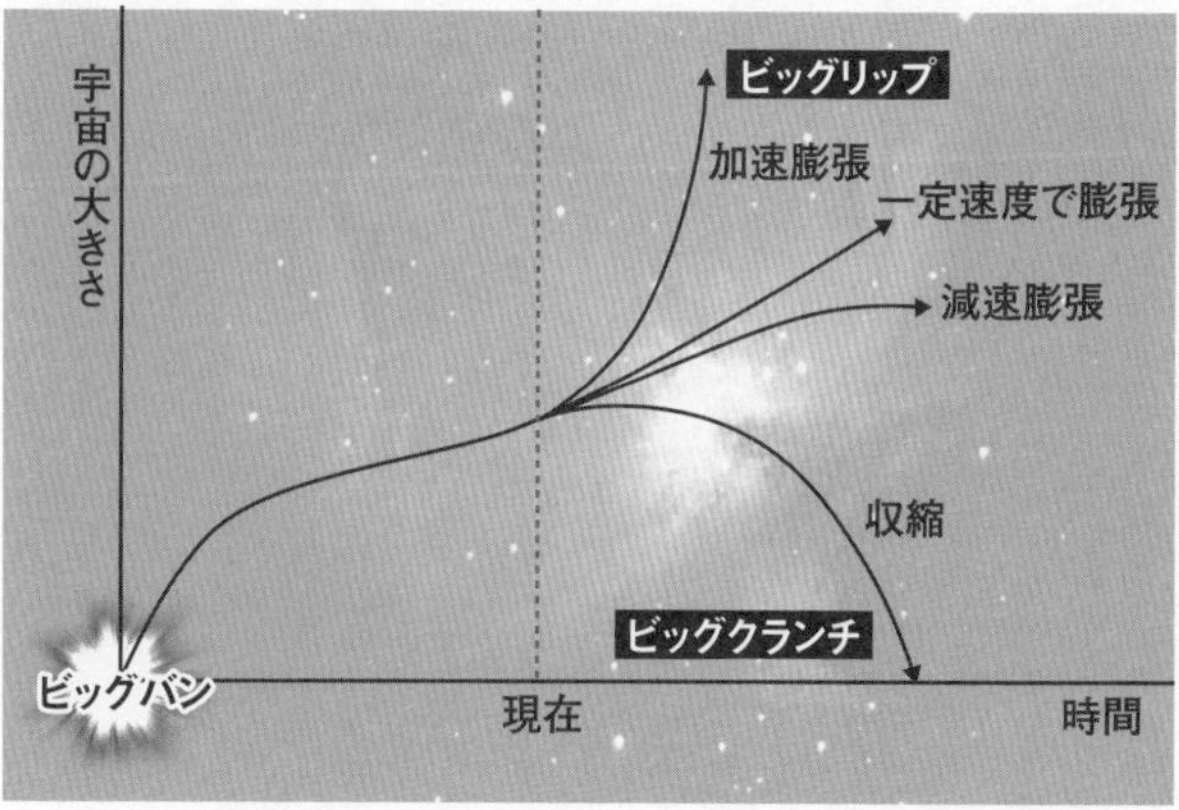

現在の宇宙の膨張は加速していることがわかったが、この先どうなるのかはまだわかっていない。

膨張を後押しする暗黒エネルギー

それが、どうしてそんなにビックリする話なのか、もう少し説明しましょう。

宇宙には目に見える星や目に見えない暗黒物質を含めて、たくさんの物質が存在します。その量は変わらないので、宇宙が膨張すれば密度が薄まるのはわかりますよね？たとえば宇宙の大きさ（二点間の距離）が二倍になれば、体積は（タテ×ヨコ×高さですから）その三乗の八倍になります。体積が八倍になれば、その中にある物質の密度は八分の一に薄まるわけです。

そうやって物質の密度が薄まれば、空間内部のエネルギーも薄まるでしょう。そのエネルギーが宇宙を押し広げているのですから、宇宙が膨張するにつれて速度は遅くなっていくはずです。

ところが、その膨張が実は加速していました。つまり、膨張するにつれて薄まるはずのエネルギーが、逆に増えているわけです。こんなに不思議な話はないでしょう。いわば、時間が経てば冷めていくはずのコーヒーが、どんどん温度を上げていくようなものです。どこかから謎のエネルギーが加わっているとしか考えられません。

この謎のエネルギーを、研究者たちは「暗黒エネルギー（dark energy）」と名づけました。暗黒物質と同様、とにかく正体がさっぱりわからないので、とりあえずそんなふうに呼んでおくしかありません。暗黒エネルギーは、宇宙が広がるたびにどこからともなく増え続け、放っておけば減速してしまう膨張をぐいぐい後押ししているのです。

その暗黒エネルギーが宇宙全体に占める割合は、二〇〇三年にわかりました。それを調べたのが、第五章に登場したウィルキンソン・マイクロ波異方性探査機WMAPです。その観測結果も、宇宙研究者を大いに驚かせました。

宇宙にある物質をエネルギーに換算すると（第二章の$E=mc^2$を思い出しましょう）、原子でできている通常の物質は、たった五パーセントにすぎません。物質の五倍もある暗黒物質も、宇宙全体から見れば約二七パーセント。そして、残るおよそ六八パーセントを暗黒エネルギーが占めているのです。エネルギーという観点から考えれば、宇宙は大半が暗黒エネルギーでできているといっても過言ではありません。その正体がわからなければ、宇宙のことを理解したとはとてもいえないでしょう。日本でも、直径八・二メートルの鏡を持つ世界最大級のすばる望遠鏡を使って暗黒エネルギーの正体を暴こうという「すみれ計画」を進めているところです。

それにしても、もしアインシュタインが生きていたら、この報告を聞いてどう思ったでしょうか。彼が自分の方程式に導入した宇宙定数のことを思い出してください。当時はまだそんな言葉はありませんでしたが、ビッグクランチから宇宙を救うために、アインシュタインはそれを無理やり考え出しました。そのアイデアがハッブルの宇宙膨張発見によって否定され、「生涯最大のあやまち」と認めたままこの世を去ったのです。

ところが暗黒エネルギーの登場によって、アインシュタインの宇宙定数は引き出しの奥から再び引っ張り出されました。加速膨張する宇宙を説明しようと思ったら、方程式に宇宙定数を入れる必要が出てきたのです。もしかしたら、いま頃天国でぺろりと舌を出して「どうだオレのいったとおりだろう」と笑っているかもしれません。

およそ一〇〇年も前に、暗黒エネルギーの存在を予見していたかのように思える計算をしたアインシュタインには驚かされます。彼が遺《のこ》した宇宙定数は、宇宙論を研究するすべての科学者に与えられた宿題のようなものだといえるのではないでしょうか。

インフレーション宇宙論

もちろん、超新星の観測で加速膨張の事実がわかって以来、多くの研究者が暗黒エネルギーの謎に取り組んでいます。まだ何もわかっていないに等しい状態ではありますが、その研究の中で、ひとつ大きな疑問が生じました。暗黒エネルギーそのものが大きな疑問ではあるのですが、実はその量が少なすぎると思われるのです。

さっきは「宇宙全体のエネルギーの六八パーセントもある！」と驚いたのに、こんどは「少なすぎる」とは、またおかしな話ですよね。いったい、どういうことでしょうか。

これを本気で説明すると例の量子力学から始めることになるので、ごく簡単にお話しします。細かいことはさておき、ともかく「真空」にエネルギーがあると思ってください。ふつう、真空とは空気も何もないカラッポの状態のことだと思われていますが、量子力学によれば、どんなにカラッポのように見えるところでも、粒子と反粒子が対生成と対消滅をくり返しています。対生成を起こすにはエネルギーが必要ですから、何もないと思われている真空からエネルギーを「借りている」としか考えられません。その「借金」を、対消滅のときに生まれるエネルギーで「返済」しているのです。

奇妙な話ですが、たとえば光子のやり取りによって電磁気力が働くときにも、真空状態の中でこうしたエネルギーの貸し借りが行われると考えられています。その意味で、真空にはエネルギーがあるのです。

そして、この「真空のエネルギー」は、膨張して体積が増えると、その分だけ大きくなります。ならば当然、暗黒エネルギーは真空のエネルギーではないかと思いますよね？　実際、その可能性は高いでしょう。実は誕生直後の宇宙も、この真空のエネルギーによって凄まじい勢いで膨張したと考えられています。

これは「インフレーション宇宙論」と呼ばれる考え方で、一九八一年に、東京大学名誉教授の佐藤勝彦先生とアメリカの物理学者アラン・グースがほぼ同時に発表しました。

宇宙誕生の一〇のマイナス三六乗秒後から一〇のマイナス三四乗秒後というほんのわずかな時間に、宇宙が倍々ゲームで急膨張したとする理論です。

これは、いわゆるビッグバンではありません。一般的には「宇宙の始まりはビッグバン」だと思われていますが、宇宙論でいうビッグバンは、このインフレーションが終わってから「真空のエネルギー」が熱に変わり、熱い宇宙になったもの。急膨張が済んでからビッグバンが起こり、そこからは膨張速度がゆっくりになったと考えられています。

先ほど膨張速度が加速していることがわかったといいましたが、宇宙膨張はあるときまで加速していませんでした。Ｉａ型超新星の観測でわかったのは、「およそ七〇億年前から加速膨張している」ということです。そのため、現在の膨張を「再加速」ということもあります。それは「インフレーションに続いて二度目の加速」という意味。したがって、暗黒エネルギーによる現在の膨張を「第二のインフレーション」と呼ぶ人もいるのです。

しかし、暗黒エネルギーがインフレーションと同じ真空のエネルギーによるものだとすると、どうも計算が合わないことがわかりました。それも、二倍や三倍の違いではありません。真空のエネルギーの理論値は、観測でわかっている暗黒エネルギーの量より、なんと一二〇ケタも大きいのです。しつこいようですが、「一二〇倍」ではなく「一二〇ケタ」ですから、茫然《ぼうぜん》とするしかありません。

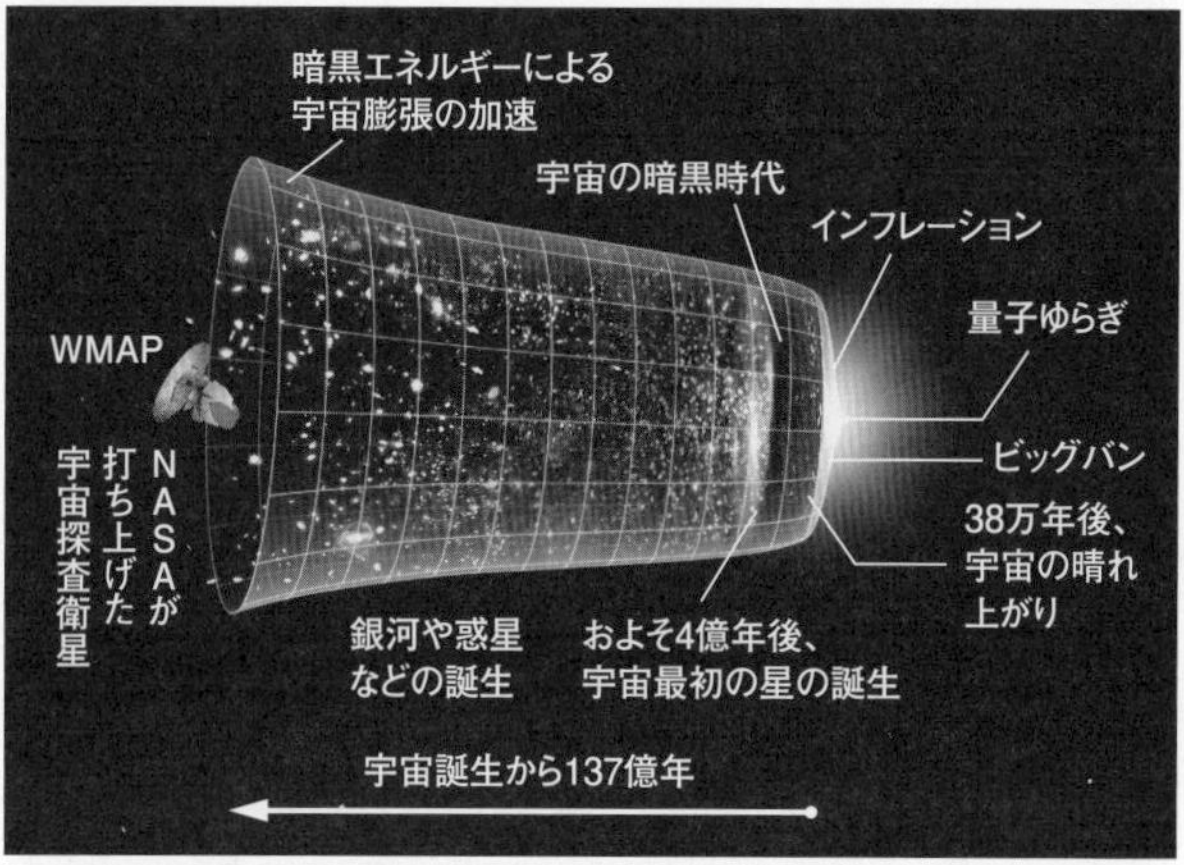

137億年の宇宙の進化を表した図。誕生後ほんのわずかな時間に宇宙が急膨張したことが右端に描かれている。
提供：NASA / WMAP Science Team

もちろん、真空のエネルギーの量はいろいろな値が考えられます。観測されている量になる可能性もゼロではありません。しかし理論的には、それよりはるかに大きくなる可能性のほうが圧倒的に高い。平たくいうと、そうなるほうが自然なのです。

もし暗黒エネルギーが真空のエネルギーの理論値と同じ量だったとしたら、宇宙はまったく違う姿になっていたでしょう。仮にその量がたった二〇倍多いだけでも、宇宙は星が生まれる前に引き裂かれてしまい、何の構造もつくらなかったはずです。当然、私たち人間も生まれてはいません。一二〇ケタも多ければ、宇宙は生まれた瞬間に引きちぎれていたでしょう。

それが、どういうわけか七〇億年前までは加速せず、そのおかげで物質がじっくり時間をかけて集まり、星をつくることができました。七〇億年前からは再加速しましたが、いまのところインフレーションほどの急膨張ではありません。だからこそ四六億年前に太陽系も生まれ、その第三惑星に生命が誕生し、長い長い進化のプロセスを経て私たち人間が生まれることもできたわけです。

あまり科学者が使うべき言葉ではありませんが、これは奇跡のような話です。暗黒エネルギーがほとんどあり得ないような少ない値だったから人間が生まれ、その知能を振り絞って宇宙の謎を解こうとしている。まるで、そこで人間が生まれるように誰かが「火加減」を微調整しながら宇宙をつくり上げたかのようにも思えます。

宇宙は人間が存在できるようにつくられている

そんなふうに思わせるのが暗黒エネルギーだけなら、真空のエネルギーを前提に計算すること自体が間違っていると考えることもできるでしょう。しかし実のところ、そんな奇跡を感じさせるものはほかにもたくさんあります。さまざまな物理法則をあらためて見直すと、宇宙に人間が生まれるための条件が揃いすぎているように感じるのです。

単純な話、たとえば重力の強さがちょっと違うだけで、太陽と地球の距離はいまとは異なるでしょう。太陽にちょっと近ければ水は水蒸気になり、ちょっと遠ければ凍ってしまいますから、そこに生命体は生まれません。

もちろん、地球が存在しなかったとしても、ほかの惑星には生命が出現した可能性はあります。でも、たとえば素粒子の質量がいまとは少し違ったとしたらどうでしょう。仮に、アップクォークに一〇倍の質量があったとして計算すると、陽子は中性子よりも一〇パーセントほど重くなります。これは大きな違いで、そうなると陽子はすべて崩壊して中性子になってしまうので、原子をつくることができません。生命どころか、星をつくることもできないわけです。

それ以外にも、定数をちょっと変えただけで星も生命も生まれなくなる現象は少なくありません。電磁気力や強い力がほんの少し弱かったり強かったりするだけで、この世はまったく違う様相を呈するのです。

しかし現実には、どの法則も星や人間が生まれるのに「ちょうどよく」できています。知能を持った生命体がいなければ物理法則も考えられないので、当たり前といえば当たり前なのですが、これはやはり不思議なことでしょう。どう考えても人間が誕生しない可能性のほうが高いのに、私たちはこうして存在している。偶然にしてはできすぎです。

そのため物理学者の中には、自分たちの研究している基本法則や物理定数などが、すべて「人間が存在できるようにつくられている」と考える人も出てきました。これを「人間原理」といいます。とても物理学の専門用語とは思えない雰囲気の言葉ですよね。むしろ、哲学書や宗教書に出てきそうな言葉です。

実際、これは科学者にとってなかなか受け入れがたい考え方でしょう。

何度もくり返しているとおり、物理学者は自然界をシンプルな法則できれいに説明したいと考えます。それは、「これがこうだから、それはそうなる」という因果関係が、すべて必然的につながっていることを明らかにしたいという欲求にほかなりません。それを「だって、人間が生まれるようにつくられてるんだから」で片づけられたのでは、身も蓋もないような気がします。

それに、もし人間原理が正しいとしたら、「ではなぜ人間が存在するようにつくられたのか?」という疑問が出てきて当然でしょう。それを説明しようと思ったら、神様を持ち出すのがいちばん手っ取り早くなってしまいます。人知を超えた超越的な存在が、人間をこしらえるためにちょうどよく宇宙の法則を定めたのだ——というわけです。そういう考え方も十分あり得ますが、これには科学者の出番はありません。

人間原理とマルチバース

一方、人間原理を神様抜きで科学的に説明することも試みられています。

あらゆる物理法則が人間にとってちょうどよくできているのが不思議なのは、この「たったひとつの宇宙」が人間のためにあるように思えるからでしょう。もし宇宙がたくさんあるとしたら、私たちの宇宙が人間原理でできていても不思議ではありません。

たとえば暗黒エネルギーの量にはさまざまな可能性がありますが、その可能性の数だけ宇宙が存在するとしたら、その中にひとつぐらい、人間が生まれるのに適した暗黒エネルギーを持つ宇宙があってもいいですよね?　その「ちょうどいい暗黒エネルギーの宇宙」もたくさんあれば、その中に「ちょうどいい重力の宇宙」もあるでしょう。さらに、暗黒エネルギーと重力が両方とも「ちょうどいい宇宙」がたくさんあれば、その中には「アップクォークの質量がちょうどいい宇宙」もある……といった具合に、生まれた宇宙の数がものすごくたくさんあれば、どこかの宇宙で「人間誕生」というきわめて確率の低い現象が起こり得るわけです。

そして物理学の世界では、かなり昔から「マルチバース」の可能性を語る理論がいくつか提案されてきました。マルチバースとはユニバースに対する言葉です。ユニバースの「ユニ」が「単独の」「ひとつの」といった意味なので、たくさんある宇宙はマルチバースと呼ぶわけです。

その最初の例は、量子力学から出てきた「多世界解釈」でしょう。量子力学は本当に奇妙な話が次々と出てくる理論なので、詳しいことはぜひ別の機会に勉強してほしいと思いますが、簡単にいうと、そこではミクロの世界で起こる現象を「確率的にしか予想できない」と考えます。「やってみなければわからない」ということで、これはニュートンの打ち立てた古典的な力学に反します。物体の質量や加わる力がわかっていれば、それがどのように運動するかは計算によって予測できるというのが、従来の物理学でした。そのためアインシュタインは量子力学が受け入れられず、「神はサイコロを振らない」という言葉を残したことがよく知られています。

しかし量子力学そのものは、決して怪しい理論ではありません。その理論は、たとえば半導体や集積回路を正常に動かす上でも欠かせないものです。私たちの身近にある電化製品や電子機器の多くがそれを使っているのですから、量子力学はある意味できわめて日常的な理論だといえるでしょう。

ただし、その中には検証不能な仮説もいくつかあります。多世界解釈もそのひとつ。量子力学の研究者の中には、ある現象がある確率で起こるとき、その可能性の数だけ世界が分裂すると考える人がいるのです。電子を撃ち込んだ場合、実際にこの世界で目にする着弾点は一カ所ですが、それと同時にたくさんの世界が生まれ、それぞれ別の位置に電子が当たっている。もしそんなことが起きているとすれば、いわゆる「パラレル・ワールド」が無限に生まれていることになるでしょう。

また、先ほど紹介したインフレーション理論でも、マルチバースの存在が予想されています。これも難しい理論なので結論だけいいますが、急膨張の際に「子宇宙」や「孫宇宙」が次々に生まれ、やがてそれぞれが独立して別々の宇宙として膨張を続けているはずだというのです。

宇宙の起源が私たちの起源

さらにもうひとつ、マルチバースを予想する理論を紹介しておきましょう。それは、「超ひも理論」です。先ほど、素粒子の正体は「ひも」かもしれないという話をしました。そのアイデアの延長線上で生まれたのがこの理論で、単に素粒子の正体を明らかにするだけでなく、四つの力を統一する可能性の高い理論として期待されています。

この理論で特徴的なのは、何といっても、空間が「九次元」でできていると考えることでしょう。私たちは空間が「タテ・ヨコ・高さ」の三つの次元でできていると認識していますが、実はそれ以外に六つの次元があると考える。そういわれても、どの方向に別次元があるのかさっぱりわかりませんが、超ひも理論では、それが小さく複雑に折りたたまれているので私たちには見えていないといいます。しかし高度な数学を駆使すると九つの次元の仕組みがわかり、空間をそういうものだと仮定すると、素粒子の成り立ちや力の働き方がうまく説明できるのです。

しかし、なにしろ余剰次元が六つもあるので、その空間の性質を調べるのは容易ではありません。その六次元空間の性質を知るために方程式を解くと、正解の候補として一〇の五〇〇乗個もの解が出てきてしまいます。

これでは宇宙の姿を描くことができないので困ってしまうのですが、もし、その方程式から出てくる解がすべて「正解」だとしたらどうでしょう。その中のどれが私たちの宇宙かはわからないので、理論自体は未完成といわざるを得ませんが、宇宙の数はそれだけあるといえるかもしれません。一〇の五〇〇乗個も宇宙があるのなら、暗黒エネルギーも重力もクォークの質量も何もかもが、人間を生み出すのにちょうどよくできている宇宙がひとつだけあっても不思議ではないでしょう。

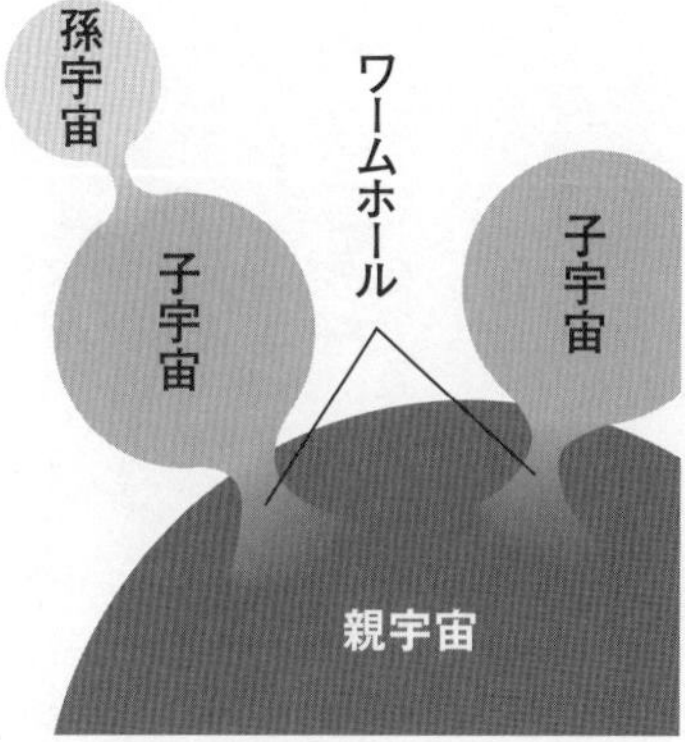

「宇宙の多重発生」のイメージ図。親宇宙、子宇宙、孫宇宙はワームホールによりつながっているが、やがて分断され、独立した宇宙になると考えられている。

もちろん、これは仮説の域を出ない話です。マルチバースの存在は、観測によって検証することもできません。もし観測できたら、その宇宙は私たちの宇宙の中にあることになるので矛盾してしまいます。

しかしいまのところ、まるで宇宙が人間のためにつくられているように思えることを、「神様抜き」に説明する方法は、マルチバース以外にありません。無数に生まれた宇宙の中で、この宇宙だけが人間をつくり出す条件を揃えていた。人間の生まれなかった宇宙は誰にも観測されないので、存在そのものが認識されない。したがって、そこでどんな物理法則が働いているのかも調べられません。人間を生んだこの宇宙だけが存在を認識されているのだとすれば、そこで働く法則が人間のためにできているのは当然でしょう。

そう考えると、この宇宙のことが何ともいとおしくなってきます。無数の宇宙が生まれたことには何の目的もないと思いますが、この宇宙はまさに人間のために用意されたといえるのかもしれません。あるいは、宇宙のために人間が用意されたということもできるでしょう。人間のいる宇宙がなければ、どんなにたくさんの宇宙が生まれたとしても、それは存在しないのと同じこと。しかし「この宇宙」に人間がいるからこそ、こうして「それ以外の宇宙」の存在も予想してもらうことができるのです。

いずれにしろ、そこに宇宙があるかぎり、私たち人間はそれについて考え続けるでしょう。おそらく、どこまで行っても謎が尽きることはありません。そして、宇宙の起源が私たちの起源であり、宇宙の運命が私たちの運命でもある以上、宇宙について考えるのは人間について考えるのと同じだともいえるでしょう。宇宙に対する理解を深めるのは、人間が自分自身を理解する道でもあると私は思います。

あとがき

宇宙の大きさ、不思議さを考えると、頭がくらくらとしたかもしれません。それに比べて自分のちっぽけさを思い知らされます。ですがせいぜい一〇〇年しか生きず、二五〇万年の歴史しかない人類が、一三七億年の宇宙の歴史をここまでわかってきたこともすごいと思いませんか。この本でも何度も出てきたアインシュタインは、「自然のいちばん不思議なことは、私たちが理解できることだ」という有名な言葉を残しています。ですからもっともっとわかりたいと思うのも、とても自然なことだと思います。

しかも遠く感じる宇宙の仕組みが私たちの存在にかかわっているなんて、とても面白いですよね。地球が太陽のまわりを秒速三〇キロメートルで走っていることが、夏は暑く冬は寒いことに関係している。宇宙の物質の八割以上を占めながら、まだ正体がわからない妖怪のような暗黒物質がなければ、星も銀河も、私たちも生まれなかったのです。そしてもっと不思議な暗黒エネルギーがちょっと多すぎると、宇宙は星が生まれる前に引き裂かれてしまって、私たちはここにいないのです。宇宙を理解することは、まさに私たち自身を理解することなのです。

人類は残されている宇宙の謎にも果敢に挑戦しています。みなさんもこの挑戦に参加してみませんか。きっとひとつ謎が解けると、さらに深い謎が顔をのぞかせることでしょう。でも謎を解いていくことには、推理小説のような面白さがあります。そして仲間ができたり、ライバルに会ったり、競争に勝ったり、負けたり、間違えたり、失敗したり、ぱっとアイデアがひらめいたり、いろいろなドラマがあって科学は進歩していくのです。

私は子供の頃に、「どうして?」という素朴な疑問に答えてくれる本や、有名な科学者がいろいろと苦労しながら大発見をしてきた歴史の本を読んで、とてもわくわくしました。みなさんがこの本を読んで同じようにわくわくして、「自分もやってみよう」と興味を持ってくれたなら、とてもうれしいです。そしていつか宇宙研究の国際会議でみなさんに会えるのを楽しみにしています。

二〇一一年一二月八日　　村山　斉

文庫版あとがき

この本はいままでの私の本の中で一番とっつきやすいと思っています。もともとは単行本で、集英社インターナショナルから「知のトレッキング叢書」の最初の本として出版されました。今回文庫化できたことで、「歴史に残る」本になったと勝手に喜んでいます。

私は小学生の頃、毎日昼と夜があること、毎年春夏秋冬があることにちゃんと説明があり、しかも宇宙レベルで理解できることにとても感動しました。地球から一歩も出ないで、望遠鏡もなかった時代からこんなことを考えてきた科学者たちにも驚きました。それ以外にも、日々いろんなことを不思議に思い、考え込みました。なぜコーラの入ったコップにストローをさすと、鬱陶しいことに浮かんできて、飲もうとするたびに沈め直さないといけないのか。なんでお好み焼きにかけたおかかが踊りだすのか。お風呂に入るとただでさえ短い自分の足がもっと短く見えるのはどうしてか。空は青くて、夕日が赤いのはなぜか。こんな素朴な疑問には答えがあるのです。子供の頃にそのことを知ったおかげで、「身の回りのことにはみんな説明があるはずなんだ！」と思うようになったのです。

そしてもう少し勉強していくと、私たちは遥《はる》か昔の超新星爆発から来た星のかけらであること、宇宙には始まりがあったことなどを知りました。でもそのあとは「まだわかっていないこと」があることを知ってかえってびっくりしました。

そもそも星はどうしてできたのか。この本でお話しした通り、その鍵は正体不明の暗黒物質です。ですが暗黒物質がないと星も、銀河も、私たちも生まれなかった。私たちの「母」なのです。会ったことがないので「ビッグバン以来の生き別れのお母さん」ということになります。どうしても会ってみたいですよね。

しかもいまの宇宙は暗黒エネルギーが引き裂いています。宇宙の進化の歴史は、物質を集める暗黒物質と引き裂く暗黒エネルギーのせめぎ合いで決まってきたともいえます。そのバランスがちょっとでも崩れると、私たちは生まれなかったのです。どうも宇宙は「できすぎ」なのです。

この本ではこうした驚きについてみなさんと共有したいと思いました。そして学校の教科書に書いてある「もう何百年前にわかったこと」ではなく、「へ〜、いまになってもこんなことがまだわかっていないんだ」を知ってもらい、「じゃあ自分でこの問題を解こう！」と思う人が現れることを願っています。

この本は我慢強く原稿を待っていただいた編集者の本川さんと坂井さん、私の意図を汲《く》んで読みやすい文章にしてくださった岡田さん、常にサポートをしてくださった榎本さん、その他たくさんの方々のおかげでできたものです。本当にありがとうございました。

宇宙は私たちのふるさとです。宇宙の神秘は「人ごと」ではありません。この本を手に取った人が次のアインシュタインになるかもしれない。そんなことを想像しつつ、文庫版のあとがきとしたいと思います。ありがとうございました。

二〇二四年九月三日

村山　斉

この本に登場する主な科学者（登場順）

第一章　地上と同じ物理法則が、宇宙でも通用する

ニコラウス・コペルニクス　一四七三〜一五四三年　ポーランドの天文学者。およそ一四〇〇年ものあいだ常識として定着していた「天動説」を覆す、「地動説」を唱えた。

ガリレオ・ガリレイ　一五六四〜一六四二年　イタリアの天文学者、物理学者。落体の法則と投射体の放物線軌道の法則を発見。また、新しく発明された望遠鏡を使って、太陽の黒点や木星の四つの衛星を発見するなど、科学史に多大な功績を残した。

クラウディオス・プトレマイオス　二世紀頃　古代ローマ時代の天文学者。地球が宇宙の中心にあり、太陽やその他の惑星が地球のまわりを回っているという「天動説」を唱えた。

ヨハネス・ケプラー　一五七一〜一六三〇年　ドイツの天文学者。惑星の運行法則に関する「ケプラーの法則」を唱えたことで知られている。ケプラーの三つの運動法則は、ニュートンなど後世の科学者に大きな影響を与えた。

アイザック・ニュートン　一六四二〜一七二七年　イギリスの物理学者。人類史上最大の科学者のひとり。ニュートン力学を確立し、古典力学や近代物理学の礎を築いた。「万有引力の法則」の発見はあまりにも有名。

第二章　なぜ太陽は燃え続けていられるのか？

ウィリアム・トムソン　一八二四〜一九〇七年　イギリスの物理学者。「ケルヴィン卿」の通

称で知られる。絶対温度の単位「K（ケルヴィン）」にその名を残すなど、熱力学の分野を中心に多くの業績を残している。

チャールズ・ダーウィン　一八〇九～一八八二年　イギリスの博物学者。一八五八年に「自然選択説」を発表、その翌年に『種の起源』を出版。種の形成理論を構築した。

アルバート・アインシュタイン　一八七九～一九五五年　ドイツ生まれのアメリカの物理学者。「特殊相対性理論」および「一般相対性理論」を提唱し、時間と空間に対する考え方を変革した。二〇世紀最大の物理学者と呼ばれる。一九二一年にノーベル物理学賞を受賞した。

ヴォルフガング・パウリ　一九〇〇～一九五八年　オーストリア生まれのスイスの物理学者。「ニュートリノ仮説」や「パウリの排他原理」など、量子力学の分野で数多くの業績を残した。一九四五年にノーベル物理学賞を受賞した。

小柴昌俊（こしば・まさとし）　一九二六～二〇二〇年　日本の物理学者。素粒子物理学および宇宙線物理学の分野で、多大な業績をあげる。一九八七年、カミオカンデにおいて世界で初めて太陽系外からのニュートリノを観測した。二〇〇二年にノーベル物理学賞を受賞した。

第三章　惑星の不思議

ユルバン・ルヴェリエ　一八一一～一八七七年　フランスの天文学者。天文計算によって海王星の位置を予測した。

ジョン・クーチ・アダムズ　一八一九～一八九二年　イギリスの天文学者。特に数学の才能に秀でていた。海王星の発見に貢献。その軌道を計算し、存在と位置を予測したことで知られる。

ジェームズ・チャリス　一八〇三〜一八八二年　イギリスの天文学者。ジョン・クーチ・アダムズの計算予測から海王星を何度も観測していたが、それが新惑星とは気づかなかった。

ヨハン・ゴットフリート・ガレ　一八一二〜一九一〇年　ドイツの天文学者。一八四六年に初めて海王星を観測し、それが新惑星であることを報告した。

第四章　ブラックホールと暗黒物質

カール・シュヴァルツシルト　一八七三〜一九一六年　ドイツの物理学者。非常に小さく質量の重い天体に、アインシュタインの一般相対性理論の方程式を当てはめると、光も脱出できないほどの時空領域（いわゆる「ブラックホール」）が出現することを導き出した。

スブラマニアン・チャンドラセカール　一九一〇〜一九九五年　インド生まれのアメリカの物理学者。一九三二年、白色矮星の質量に上限があることを発見し、この質量を超えた天体はブラックホールになりうると予想した。

アーサー・エディントン　一八八二〜一九四四年　イギリスの天文学者。星の構造についての研究などで多くの功績を残す。光が重力によってゆがめられることを観測し、アインシュタインの一般相対性理論の正しさを証明したことでも知られている。

フリッツ・ツビッキー　一八九八〜一九七四年　スイスの天文学者。一九三三年、銀河団の光の量と運動速度から計算した質量に違いがあることを指摘した。この結果から、目には見えないけれど質量のある物質「暗黒物質」が存在すると推測した。

ヴェラ・ルービン　一九二八〜二〇一六年　アメリカの天文学者。一九七〇年代に、銀河の回転速度の観測から「暗黒物質」の存在を指摘した。

エドウィン・ハッブル　一八八九～一九五三年　アメリカの天文学者。我々の住む銀河系の外にも銀河が広がっていることや、「ハッブルの法則」から宇宙が膨張しているという事実を発見した。現代宇宙論の基礎を築いた人物。

第五章　膨張する宇宙

アレクサンドル・フリードマン　一八八八～一九二五年　ロシアの物理学者。一九二二年に、宇宙定数を加える前のアインシュタイン方程式から、膨張する宇宙の解を導き出した。有名なハッブルの法則が発見される七年前のことである。

ジョルジュ・ルメートル　一八九四～一九六六年　ベルギーの物理学者。「ビッグバン理論」の先駆者。宇宙は圧縮された高温の「原始の原子」の爆発から始まったというモデルを提唱した。

ジョージ・ガモフ　一九〇四～一九六八年　ロシア生まれのアメリカの物理学者。ジョルジュ・ルメートルの「ビッグバン理論」を支持し、宇宙の始まりは超高温・超高密度だったという「火の玉宇宙」説を発表した。

フレッド・ホイル　一九一五～二〇〇一年　イギリスの天文学者。星の進化の研究や、「定常宇宙論」を唱え続けたことなどで知られる。SF作家としても有名な人物。

アーノ・ペンジアス　一九三三～二〇二四年　アメリカの電波技師。ベル電話研究所（現在のベル研究所）の研究員時代の一九六四年に、宇宙マイクロ波背景放射を偶然発見した。

ロバート・W・ウィルソン　一九三六年～　アメリカの電波技師。アーノ・ペンジアスとともに宇宙マイクロ波背景放射を発見。その功績により一九七八年、ペンジアスとともにノーベル物理学賞を受賞した。

ジョン・Ｃ・マザー　一九四六年～　アメリカの天体物理学者。一九八九年にＮＡＳＡ（アメリカ航空宇宙局）が打ち上げた人工衛星ＣＯＢＥ（宇宙背景放射探査機）を使って、宇宙マイクロ波背景放射を測定した。

ジョージ・スムート　一九四五年～　アメリカの天体物理学者。「宇宙マイクロ波背景放射の異方性の発見」により、二〇〇六年、ジョン・マザーとともにノーベル物理学賞を受賞した。

第六章　「四つの力」と素粒子の標準模型

マレー・ゲルマン　一九二九～二〇一九年　アメリカの物理学者。クォークの名付け親として知られる。素粒子の分類と相互作用に関する発見と研究で、一九六九年、ノーベル物理学賞を受賞した。

ジェイムズ・Ｃ・マクスウェル　一八三一～一八七九年　イギリスの物理学者。一八六四年、マイケル・ファラデーの電磁場の理論を「マクスウェルの方程式」として数式化し、古典電磁気学を確立した。

湯川秀樹（ゆかわ・ひでき）　一九〇七～一九八一年　日本の物理学者。原子核内で、陽子や中性子を結びつける強い相互作用の媒介となる「中間子」の存在を予言した。一九四九年、日本人として初めてノーベル物理学賞を受賞した。

朝永振一郎（ともなが・しんいちろう）　一九〇六～一九七九年　日本の物理学者。場の量子論において「超多時間理論」「繰り込み理論」を発表。その功績により一九六五年、ノーベル物理学賞を受賞した。

益川敏英（ますかわ・としひで）　一九四〇～二〇二一年　日本の物理学者。一九七三年、小林誠と共同で「小林・益川理論」を発表。基本粒子クォークが六種類以上存在すれば、宇宙の成り立ちにかかわる「CP対称性の破れ」の現象を理論的に説明できることを示した。

小林　誠（こばやし・まこと）　一九四四年～　日本の物理学者。二〇〇〇年代に入り、高エネルギー加速器研究機構（KEK）のベル実験などで「小林・益川理論」の正しさがたしかめられ、二〇〇八年、益川敏英とともにノーベル物理学賞を受賞した。

南部陽一郎（なんぶ・よういちろう）　一九二一～二〇一五年　日本生まれのアメリカの物理学者。一九六一年、「自発的対称性の破れ」の論文を発表。素粒子物理学の基礎を築く。二〇〇八年、ノーベル物理学賞を受賞した（受賞時はアメリカ国籍）。

第七章　宇宙の未来はどうなるのか

ソール・パールマター　一九五九年～　アメリカの物理学者。カリフォルニア大学バークレー校教授。二〇一一年、ブライアン・シュミット、アダム・リースらとともに、ノーベル物理学賞を受賞した。

ブライアン・シュミット　一九六七年～　アメリカの物理学者。オーストラリア国立大学特別栄誉教授。従来支配的であった宇宙膨張の減速論を覆し、膨張が加速していることを明らかにした。

アダム・リース　一九六九年～　アメリカの物理学者。アメリカのジョンズ・ホプキンス大学教授。パールマター、シュミット、リースの三人は、宇宙が加速膨張している証拠を、遠距離のＩａ型超新星爆発の観測からつかんだ。

佐藤勝彦（さとう・かつひこ）一九四五年～　日本の物理学者。「インフレーション宇宙論」をアメリカのアラン・グースと同時期に提唱するなど、その功績は世界に広く知られている。現在、日本学術振興会学術システム研究センター顧問などを務める。

アラン・グース　一九四七年～　アメリカの物理学者。彼が提唱する「インフレーション宇宙論」は、「地平線問題」や「平坦性問題」などビッグバン理論の問題点を解決する、初期宇宙の進化モデルである。

（編集部作成）

本書は、二〇一二年一月、書き下ろし単行本として
集英社インターナショナルより刊行されました。

構成／岡田仁志
図版デザイン／タナカデザイン

集英社文庫　目録（日本文学）

集英社文庫　目録（日本文学）

望月諒子　田崎教授の死を巡る　桜子准教授の考察
望月諒子　鱈《たら》目《め》講師の恋と呪殺。　桜子准教授の考察
望月諒子　呪い人形
森絵都　永遠の出口
森絵都　ショート・トリップ
森絵都　屋久島ジュウソウ
森絵都　みかづき
森鷗外　舞姫
森鷗外　高瀬舟
森達也　A3《エースリー》(上)(下)
森博嗣　墜ちていく僕たち
森博嗣　工作少年の日々
森博嗣　ゾラ・一撃・さようなら　Zola with a Blow and Goodbye
森博嗣　暗闇・キッス・それだけで　Only the Darkness or Her Kiss
森まゆみ　寺暮らし
森まゆみ　その日暮らし
森まゆみ　旅暮らし
森まゆみ　貧楽暮らし
森まゆみ　女三人のシベリア鉄道
森まゆみ　いで湯暮らし
森まゆみ　『青鞜』の冒険　女が集まって雑誌をつくるということ
森まゆみ　彰義隊遺聞
森まゆみ　森まゆみと読む　林芙美子「放浪記」
森まゆみ　『五足の靴』をゆく　明治の修学旅行
森瑤子　情事
森瑤子　嫉妬
森田真生　僕たちはどう生きるか　めぐる季節と「再生」の物語
森見登美彦　宵山万華鏡
森村誠一　壁の目　新・文学賞殺人事件
森村誠一　終着駅
森村誠一　腐蝕花壇
森村誠一　山の屍
森村誠一　砂の碑銘
森村誠一　悪しき星座
森村誠一　黒い神《み》座《くら》
森村誠一　ガラスの恋人
森村誠一　社《しゃ》奴《と》
森村誠一　勇者の証明
森村誠一　復讐の花期　君に白い羽根を返せ
森村誠一　凍土の狩人
森村誠一　悪の戴冠式
森村誠一　社賊
森村誠一　誘鬼燈
森村誠一　死《し》媒《ばい》蝶《ちょう》
森村誠一　花の骸《むくろ》
森本浩平・編　沖縄。人、海、多面体のストーリー
諸田玲子　月を吐く
諸田玲子　髭麻呂　王朝捕物控え

集英社文庫　目録（日本文学）

諸田玲子　恋縫
諸田玲子　おんな泉岳寺
諸田玲子　狸穴《まみあな》あいあい坂
諸田玲子　炎天の雪(上)(下)
諸田玲子　恋かたみ　狸穴あいあい坂
諸田玲子　四十八人目の忠臣
諸田玲子　心がわり　狸穴あいあい坂
諸田玲子　今ひとたびの、和泉式部
諸田玲子　尼子姫十勇士
諸田玲子　嫁ぐ日　狸穴あいあい坂
諸永裕司　沖縄密約　ふたつの嘘
門田充宏　ウィンズテイル・テイルズ　時不知《ときしらず》の魔女と刻印の子
門田充宏　ウィンズテイル・テイルズ　封印の繭と運命の標
八木圭一　手がかりは一皿の中に
八木圭一　手がかりは一皿の中に　ご当地グルメの誘惑
八木圭一　手がかりは一皿の中に　FINAL

八木澤高明　青線　売春の記憶を刻む旅
八木澤高明　日本殺人巡礼
八木原一恵・編訳　封神演義　前編
八木原一恵・編訳　封神演義　後編
矢口敦子　祈りの朝
矢口敦子　最後の手紙
矢口敦子　海より深く
矢口敦子　炎より熱く
矢口史靖　小説　ロボジー
薬丸岳　友罪
薬丸岳　ブレイクニュース
八坂裕子　幸運の99%は話し方できまる！
八坂裕子　言い返す力　夫・姑・あの人に
安田依央　たぶらかし
安田依央　終活ファッションショー
安田依央　ひと喰い介護

安田依央　四号警備　新人ボディガード久遠航太《くどおこうた》の受難
安田依央　四号警備　新人ボディガード久遠航太《くどおこうた》と隠れ鬼
柳広司　百万のマルコ
柳澤桂子　愛をこめ いのち見つめて
柳澤桂子　生命《いのち》の不思議
柳澤桂子　ヒトゲノムとあなた
柳澤桂子　すべてのいのちが愛《いと》おしい　生命科学者から孫へのメッセージ
柳澤桂子　永遠のなかに生きる
柳澤健　1974年のサマークリスマス　林美雄とパックインミュージックの時代
柳田国男　遠野物語
柳田由紀子　宿無し弘文　スティーブ・ジョブズの禅僧
矢野隆　蛇衆
矢野隆　慶長風雲録
矢野隆　斗《とう》棋《ぎ》
矢野隆　琉球建国記
矢野隆　至誠の残滓

集英社文庫　目録（日本文学）

山内マリコ　パリ行ったことないの
山内マリコ　あのこは貴族
山川方夫　夏の葬列
山口百恵　蒼い時
山崎宇子　ラブ×ドック
山崎ナオコーラ　「『ジューシー』ってなんですか?」
山崎ナオコーラ　肉体のジェンダーを笑うな
山田詠美　メイク・ミー・シック
山田詠美　熱帯安楽椅子
山田詠美　色彩の息子
山田詠美　ラビット病
山田かまち　17歳のポケット
山田裕樹・編　智に働けば　石田三成像に迫る十の短編
山田吉彦　ONE PIECE勝利学
山中伸弥　畑中正一　iPS細胞ができた!　ひろがる人類の夢

山前譲・編　文豪の探偵小説
山前譲・編　文豪のミステリー小説
山本一力　銭売り賽蔵《さいぞう》
山本一力　戌亥《いぬい》の追風《おいて》
山本兼一　雷神の筒
山本兼一　ジパング島発見記
山本兼一　命もいらず名もいらず(上)幕末篇
山本兼一　命もいらず名もいらず(下)明治篇
山本兼一　修羅走る　関ヶ原
山本巧次　乳頭温泉から消えた女
山本巧次　災厄の宿
山本文緒　あなたには帰る家がある
山本文緒　ぼくのパジャマでおやすみ
山本文緒　おひさまのブランケット
山本文緒　シュガーレス・ラヴ
山本文緒　まぶしくて見えない

山本文緒　落花流水
山本雅也　キッチハイク!　突撃!　世界の晩ごはん　～アンドレアは素手でパリージャを焼く編～
山本雅也　キッチハイク!　突撃!　世界の晩ごはん　～ソフィーはタジン鍋より圧力鍋が好き編～
山本幸久　笑う招き猫
山本幸久　はなうた日和
山本幸久　男は敵、女はもっと敵
山本幸久　美晴さんランナウェイ
山本幸久　床屋さんへちょっと
山本幸久　GO!GO!アリゲーターズ
山本幸久　大江戸あにまる
唯川恵　さよならをするために
唯川恵　彼女は恋を我慢できない
唯川恵　OL10年やりました
唯川恵　シフォンの風
唯川恵　キスよりもせつなく
唯川恵　ロンリー・コンプレックス

集英社文庫

宇宙《うちゅう》はなぜこんなにうまくできているのか

2024年11月25日　第１刷　　定価はカバーに表示してあります。

著　者　村山《むらやま》　斉《ひとし》
発行者　樋口尚也
発行所　株式会社 集英社
東京都千代田区一ツ橋2-5-10　〒101-8050
電話　【編集部】03-3230-6095
【読者係】03-3230-6080
【販売部】03-3230-6393（書店専用）
印　刷　大日本印刷株式会社
製　本　大日本印刷株式会社

フォーマットデザイン　アリヤマデザインストア　　マークデザイン　居山浩二

ISBN978-4-08-744719-4 C0144